Apprendre

Eureka Math®
Niveau 5
Module 6

Great Minds PBC is the creator of Eureka Math®,
Wit & Wisdom®, Alexandria Plan™, and PhD Science™.

Published by Great Minds PBC. greatminds.org

Copyright © 2020 Great Minds PBC. All rights reserved. No part of this work may be reproduced or used in any form or by any means—graphic, electronic, or mechanical, including photocopying or information storage and retrieval systems—without written permission from the copyright holder.

ISBN 978-1-64929-099-1

1 2 3 4 5 6 7 8 9 10 XXX 25 24 23 22 21 20

Printed in the USA

Apprendre ♦ Pratiquer ♦ Réussir

La documentation pédagogique d'Eureka Math® pour A Story of Units® (K-5) est proposé dans le trio Apprendre, Pratiquer, Réussir. Cette série prend en charge la différenciation et la remédiation tout en gardant les documents pour les élèves organisés et accessibles. Les éducateurs constateront que la série *Apprendre, Pratiquer,* et *Réussir* propose également des ressources cohérentes—et donc plus efficaces—pour la réponse à l'intervention (RAI), la pratique supplémentaire et l'apprentissage pendant l'été.

Apprendre

Apprendre d'Eureka Math sert de compagnon de classe aux élèves, où ils montrent leurs réflexions, partagent ce qu'ils savent, et voient leurs connaissances s'enrichir chaque jour. *Apprendre rassemble le travail quotidien en classe—Problèmes d'application, Tickets de sortie, Séries de problèmes, Modèles—dans un volume organisé et facilement navigable.*

Pratiquer

Chaque leçon *Eureka Math* commence par une série d'activités de perfectionnement énergiques et joyeuses, y compris celles se trouvant dans *Pratiquer d'Eureka Math*. Les élèves qui maîtrisent déjà leurs savoirs en mathématiques peuvent acquérir une plus grande maîtrise pratique, encore plus approfondie. Avec *Pratiquer*, les élèves acquièrent des compétences dans les savoirs nouvellement acquis et renforcent leurs apprentissages antérieurs en vue de la leçon suivante.

Ensemble, *Apprendre* et *Pratiquer* fournissent tout le matériel imprimé que les élèves utiliseront pour leur enseignement fondamental des mathématiques.

Réussir

Réussir d'Eureka Math permet aux élèves de travailler individuellement vers leur maîtrise. Ces séries additionnelles de problèmes font correspondre chaque leçon à l'enseignement en classe, ce qui les rend idéaux comme devoirs ou entraînements supplémentaires. Chaque ensemble de problèmes est accompagné d'une Aide aux devoirs, un ensemble d'exemples concrets qui illustrent comment résoudre des problèmes similaires.

Les enseignants et les tuteurs peuvent utiliser les livres *Réussir* des niveaux précédents comme outils cohérents avec le programme pour combler des lacunes dans les connaissances fondamentales. Les élèves s'épanouiront et progresseront plus rapidement parce que les modèles familiers facilitent les connexions au contenu de leur niveau scolaire actuel.

Élèves, familles, et éducateurs :

Merci de faire partie de la communauté *Eureka Math®*, qui célèbre la passion, l'émerveillement et le plaisir des mathématiques.

Dans la salle de classe *Eureka Math*, un nouveau type d'apprentissage est activé par la richesse des expériences et des dialogues. Le livre *Apprendre* met entre les mains de chaque élève les instructions et séquences de problèmes dont ils ont besoin pour exprimer et consolider leur apprentissage en classe.

Que contient le livre Apprendre ?

Problèmes d'application : La résolution de problèmes dans un contexte réel fait partie du quotidien d'*Eureka Math*. Les élèves renforcent leur confiance et leur persévérance lorsqu'ils appliquent leurs connaissances dans d'autres situations, nouvelles et variées. Le programme encourage les élèves à utiliser le processus LDE—Lire le problème, Dessiner pour donner un sens au problème, et Écrire une équation et une solution. Les enseignants facilitent le partage des travaux entre les élèves qui se présentent mutuellement leurs stratégies de solution.

Séries de problèmes : Une série de problèmes soigneusement séquencée offre une opportunité en classe pour un travail indépendant, avec plusieurs points d'entrée pour la différenciation. Les enseignants peuvent utiliser le processus de Préparation et de Personnalisation pour sélectionner les problèmes « À faire » pour chaque élève. Certains élèves effectuerons plus de problèmes que d'autres ; l'important est que tous les élèves disposent d'une période de 10 minutes pour exercer immédiatement ce qu'ils ont appris, avec un léger encadrement de leur professeur.

Les élèves amènent avec eux la Série de problèmes jusqu'au point culminant de chaque leçon : le Compte rendu de l'élève. Ici, les élèves réfléchissent avec leurs pairs et leur enseignant, articulant et consolidant ce qu'ils se sont demandé, ce qu'ils ont remarqué et ce qui a été appris ce jour-là.

Tickets de sortie : Les élèves montrent à leur enseignant ce qu'ils savent grâce à leur travail sur le Ticket de sortie quotidien. Cette vérification de la compréhension fournit à l'enseignant des preuves précieuses en temps réel de l'efficacité de l'enseignement de ce jour-là, offrant un aperçu indispensable de la prochaine étape à suivre.

Modèles : Occasionnellement, le Problème d'application, la Série de problèmes, ou toute autre activité de classe nécessite que les élèves aient leur propre copie d'une image, d'un modèle réutilisable, ou d'un ensemble de données. Chacun de ces modèles est fourni avec la première leçon qui les exige.

Où puis-je en savoir plus sur les ressources Eureka Math ?

L'équipe de Great Minds® s'engage à aider les élèves, les familles, et les éducateurs avec une bibliothèque de ressources en constante expansion, disponible sur le site eureka-math.org. Le site Web propose également des histoires de réussite inspirantes survenues dans la communauté *Eureka Math*. Partagez vos idées et vos réalisations avec d'autres utilisateurs en devenant un Champion d'*Eureka Math*.

Meilleurs vœux pour une année remplie de découvertes !

Jill Diniz
Directeur des mathématiques
Great Minds

Le processus Lire–Dessiner–Écrire

Le programme *Eureka Math* aide les élèves à résoudre leurs problèmes en utilisant un processus simple et reproductible, présenté par l'enseignant. Le processus Lire–Dessiner–Écrire (LDE) incite les élèves à

1. Lire le problème.
2. Dessiner et étiqueter.
3. Écrire une équation.
4. Écrire une phrase (énoncé).

Les éducateurs sont encouragés à consolider le processus en interposant des questions telles que

- Que vois-tu ?
- Peux-tu dessiner quelque chose ?
- Quelles conclusions peux-tu tirer de ton dessin ?

Plus les élèves utilisent cette approche systématique et ouverte pour raisonner sur leurs problèmes, plus ils intérioriseront le processus de pensée et l'appliqueront instinctivement au cours des années qui suivent.

Contenu

Module 6 : Résolution de problèmes avec le plan de coordonnées

Thème A : Systèmes de coordonnées

Leçon 1 1

Leçon 2 9

Leçon 3 17

Leçon 4 27

Leçon 5 33

Leçon 6 43

Sujet B : Motifs dans le plan de coordonnées et représentation graphique des motifs numériques à partir de règles

Leçon 7 53

Leçon 8 63

Leçon 9 73

Leçon 10 83

Leçon 11 93

Leçon 12 101

Sujet C : Dessiner des figures dans le plan de coordonnées

Leçon 13 111

Leçon 14 119

Leçon 15 127

Leçon 16 133

Leçon 17 141

Sujet D : Résolution de problèmes dans le plan de coordonnées

Leçon 18 147

Leçon 19 155

Leçon 20 161

Sujet E : Problèmes de mots en plusieurs étapes

Leçon 21 165

Leçon 22 165

Leçon 23 165

Thème F : Les années en revue : une réflexion sur *Une histoire d'unités*

Leçon 26 171

Leçon 27 179

Leçon 28 181

Leçon 29 191

Leçon 30 195

Leçon 31 199

Leçon 32 203

Leçon 33 209

Leçon 34 211

Un paysagiste plante des soucis d'affilée. La rangée mesure 2 mètres de long. Les fleurs doivent être espacées $\frac{1}{3}$ mètre de distance pour qu'ils aient suffisamment d'espace pour se développer. Le paysagiste plante la première fleur à 0. Placez des points sur la droite numérique pour montrer où le paysagiste doit placer les autres fleurs. Combien de soucis conviendront dans cette rangée ?

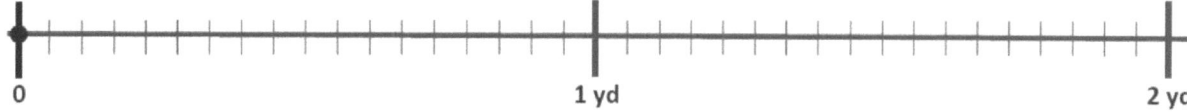

Lire   Dessiner   Écrire

Leçon 1 :   Construisez un système de coordonnées sur une ligne.

Nom _____ Date _____

1. Chaque forme a été placée en un point sur la droite numérique s. Donnez les coordonnées de chaque point ci-dessous.

   a. ✖ _____

   b. ★ _____

   c. ● _____

   d. ■ _____

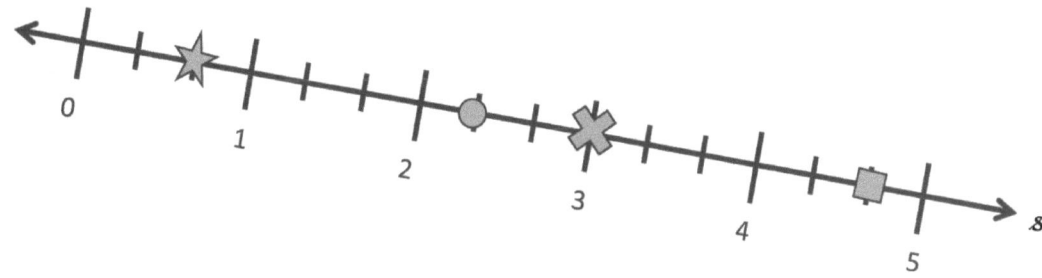

2. Tracez les points sur les droites numériques.

a. 	b. 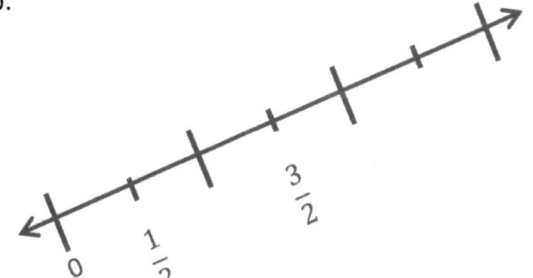
Terrain UNE de sorte que sa distance par rapport à l'origine soit de 2.	Terrain R de sorte que sa distance de l'origine soit $\frac{5}{2}$.

Leçon 1 : Construisez un système de coordonnées sur une ligne.

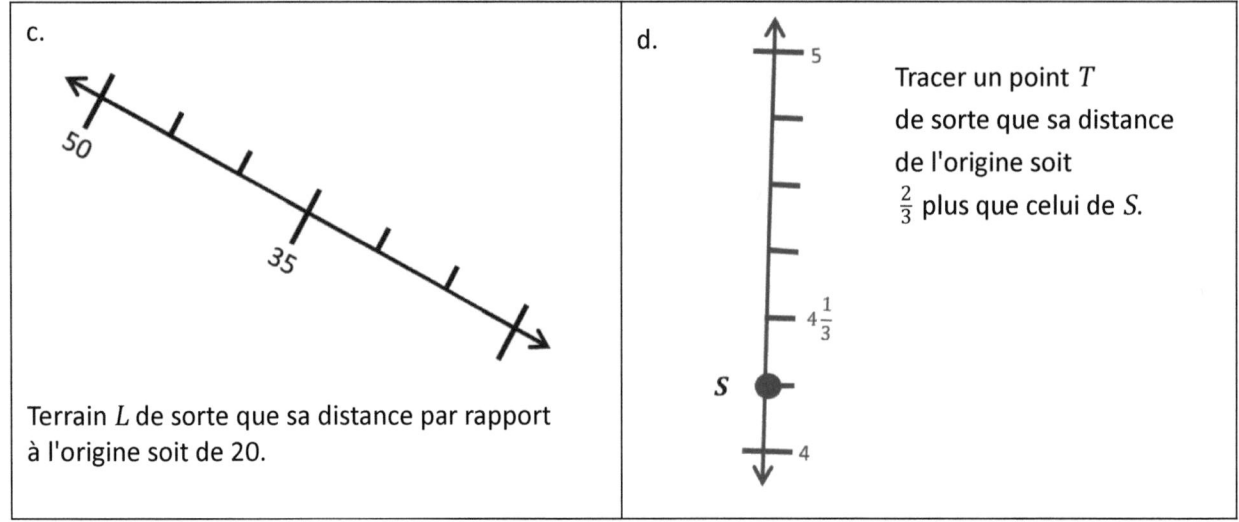

3. Ligne numérique g est étiqueté de 0 à 6. Utiliser la droite numérique g ci-dessous pour répondre aux questions.

a. Point de tracé UNE à $\frac{3}{4}$.

b. Étiquetez un point situé à $4\frac{1}{2}$ comme B.

c. Étiqueter un point, C, dont la distance de zéro est supérieure de 5 à celle de UNE.

   La coordonnée de C est _____.

d. Tracez un point, ré, dont la distance de zéro est $1\frac{1}{4}$ moins que celui de B.

   La coordonnée de ré est _____.

e. La distance de E de zéro est $1\frac{3}{4}$ plus que celui de ré. Point de tracé E.

f. Quelle est la coordonnée du point situé à mi-chemin entre UNE et ré ? _____
   Étiqueter ce point F.

4. Mme Fan a demandé à sa classe de cinquième année de créer une droite numérique. Lenox a créé la droite numérique ci-dessous :

Parks a déclaré que la droite numérique de Lenox était fausse parce que les nombres devraient toujours augmenter de gauche à droite. Qui a raison ? Explique ton raisonnement.

5. Un pirate a marqué le palmier sur sa carte au trésor et a enterré son trésor à 30 pieds. Pensez-vous qu'il pourra trouver facilement son trésor à son retour ? Pourquoi et pourquoi pas ? Que pourrait-il faire pour faciliter la recherche ?

Cherchez le trésor à 30 pieds de cet arbre!

Leçon 1 : Construisez un système de coordonnées sur une ligne.

Nom _____ Date _____

Utiliser la droite numérique ℓ pour répondre aux questions.

a. Point de tracé C de sorte que sa distance par rapport à l'origine soit de 1.

b. Point de tracé E $\frac{4}{5}$ plus proche de l'origine que C. Quelle est sa coordonnée ? _____

c. Tracez un point au milieu de C et E. Étiquetez-le H.

La photo montre une intersection dans le village de Stony Brook.

a. La ville souhaite construire deux nouvelles routes, Elm Street et King Street. La rue Elm croisera le chemin Lower Sheep Pasture, sera parallèle à la rue Main et perpendiculaire au chemin Stony Brook. Croquis de la rue Elm.

b. La rue King sera perpendiculaire à la rue Main et commencera à l'intersection du chemin Upper Sheep Pasture et de la rue East Main. Esquissez la rue King.

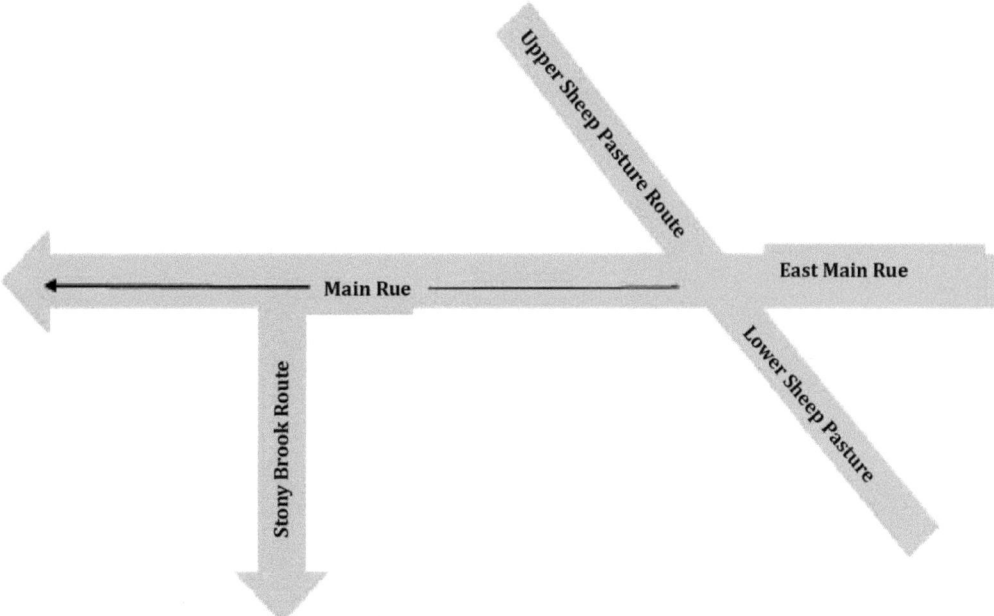

Lire   Dessiner   Écrire

Leçon 2 :   Construisez un système de coordonnées sur un plan.

Nom _____ Date _____

1.

   a. Utilisez un carré fixe pour tracer une ligne perpendiculaire au x-axes par points P, Q, et R. Étiquetez la nouvelle ligne comme y-axe.

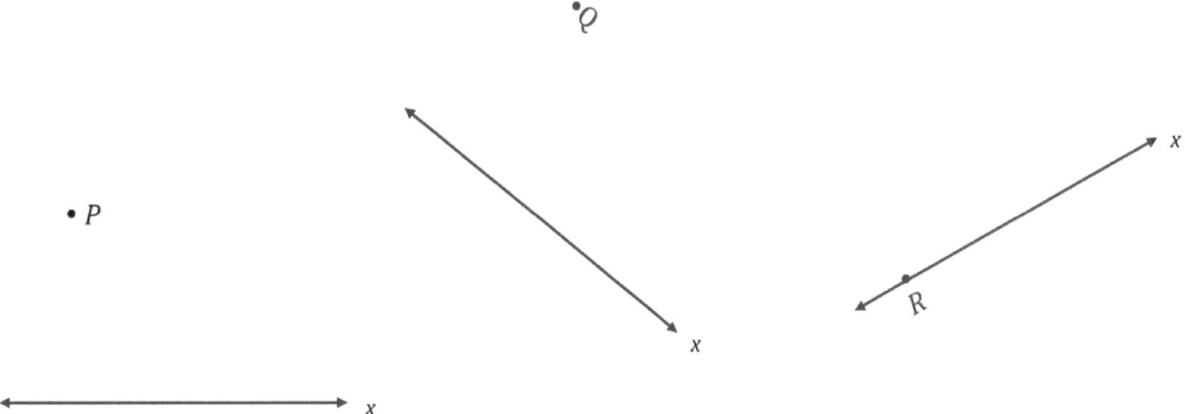

   a. Choisissez l'un des ensembles de lignes perpendiculaires ci-dessus et créez un plan de coordonnées. Marquez 7 unités sur chaque axe et étiquetez-les comme des nombres entiers.

2. Utilisez le plan de coordonnées pour répondre aux questions suivantes.

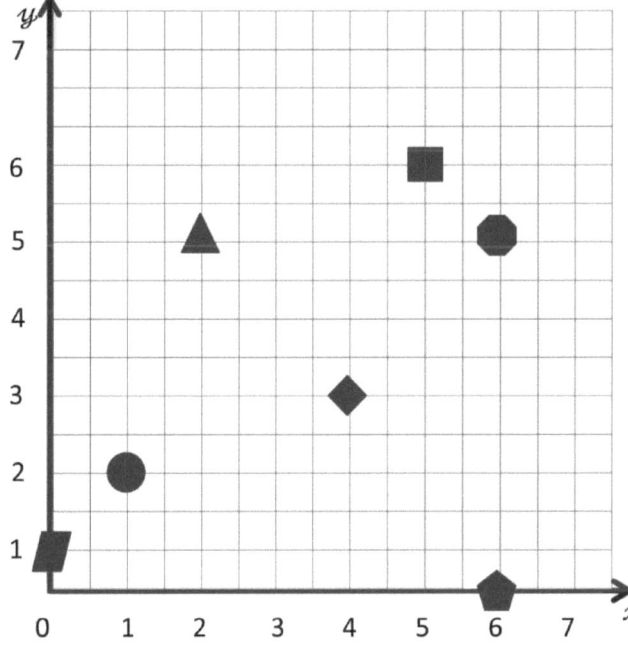

   a. Nommez la forme à chaque emplacement.

x-coordonner	y-coordonner	Forme
2	5	
1	2	
5	6	
6	5	

   b. Quelle forme est à 2 unités du y-axe ?

   c. Quelle forme a un x-coordonnée de 0 ?

   d. Quelle forme est à 4 unités du y-axis et 3 unités du x-axe ?

3. Utilisez le plan de coordonnées pour répondre aux questions suivantes.

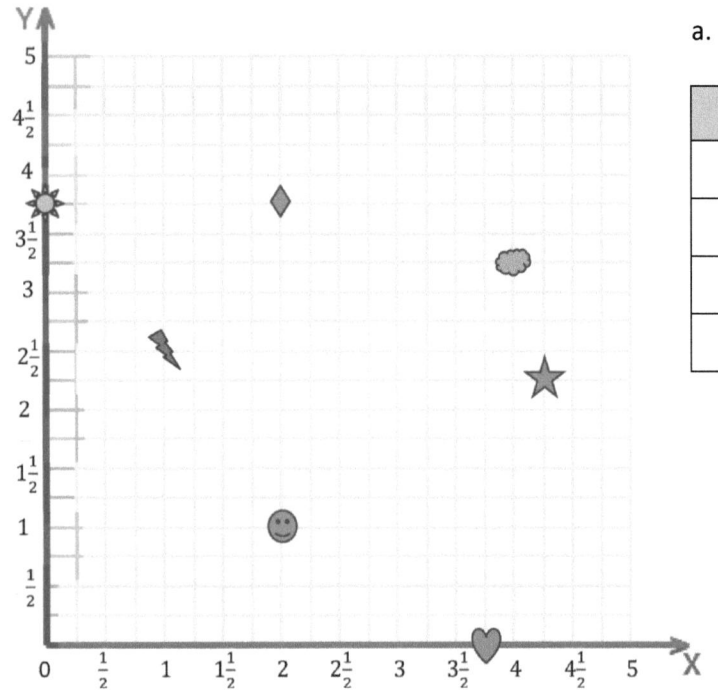

a. Remplis les blancs.

Forme	x-coordonner	y-coordonner
Smiley		
Diamant		
Soleil		
Cœur		

b. Nommez la forme dont x-coordonné est $\frac{1}{2}$ plus que la valeur du cœur x-coordonner.

c. Tracez un triangle en (3, 4).

d. Tracez un carré à $(4\frac{3}{4}, 5)$.

e. Tracez un X à $(\frac{1}{2}, \frac{3}{4})$.

4. Le trésor du pirate est enterré au ✖ Sur la carte. Comment un plan de coordonnées pourrait-il faire décrire son emplacement plus facile ?

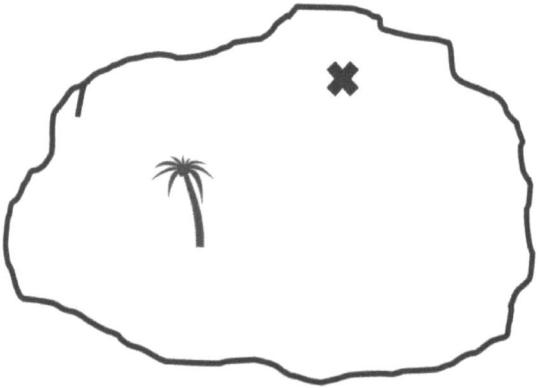

Nom _____ Date _____

1. Nommez les coordonnées des formes ci-dessous.

Forme	x-coordonner	y-coordonner
Soleil		
La Flèche		
Cœur		

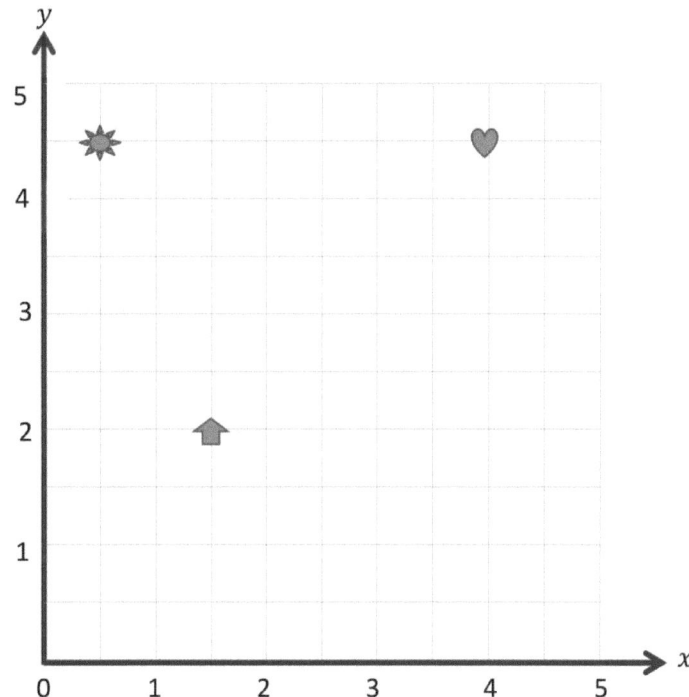

2. Tracez un carré en $(3, 3\frac{1}{2})$.

3. Tracez un triangle en $(4\frac{1}{2}, 1)$.

Leçon 2 : Construisez un système de coordonnées sur un plan.

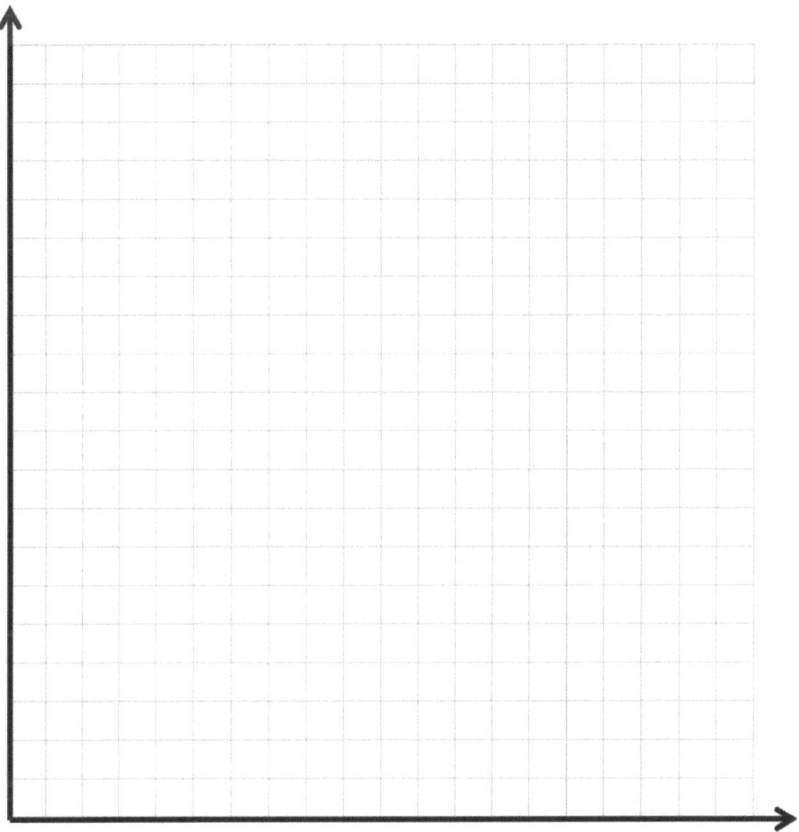

avion coordonné

UNE HISTOIRE D'UNITÉS · Leçon 3 Problème d'application · 5•6

Le capitaine d'un navire a une carte pour l'aider à naviguer à travers les îles. Il doit suivre les points qui montrent la partie la plus profonde du canal. Listez les coordonnées que le capitaine doit suivre dans l'ordre dans lequel il les rencontrera.

1. (____, ____) 2. (____, ____)

3. (____, ____) 4. (____, ____)

5. (____, ____) 6. (____, ____)

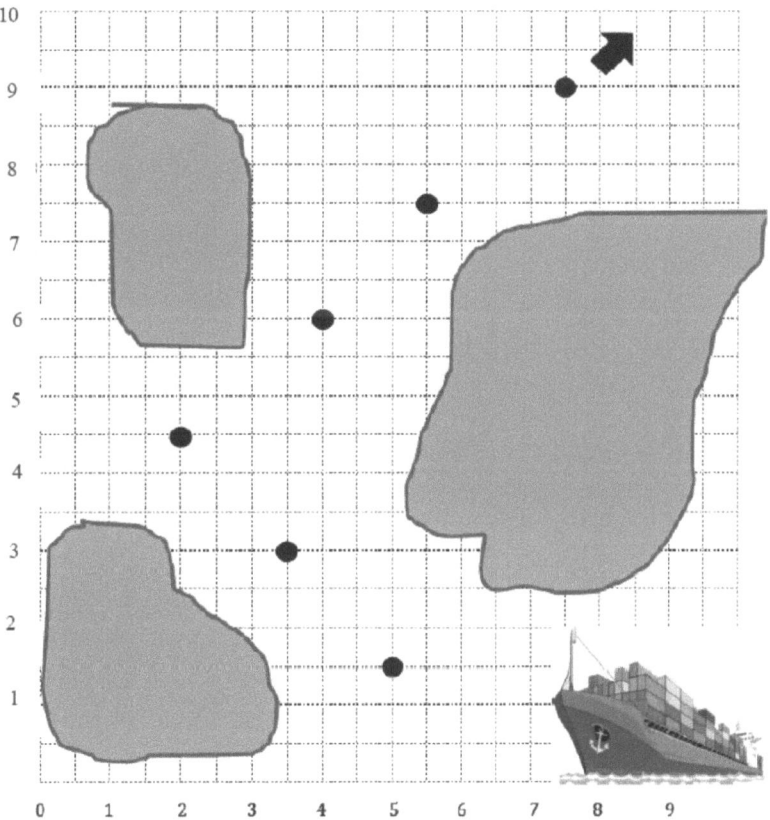

Lire   Dessiner   Écrire

Leçon 3 : Nommez les points à l'aide de paires de coordonnées et utilisez les paires de coordonnées pour points de tracé.

Nom _____ Date _____

1. Utilisez la grille ci-dessous pour effectuer les tâches suivantes.

   a. Construire un x-axe qui passe par des points A et B.

   b. Construire une perpendiculaire y-axe qui passe par des points C et F.

   c. Étiquetez l'origine comme 0.

   d. le x-coordonné de B est $5\frac{2}{3}$. Étiquetez les nombres entiers le long du x-axe.

   e. le y-coordonné de C est $5\frac{1}{3}$. Étiquetez les nombres entiers le long du y-axe.

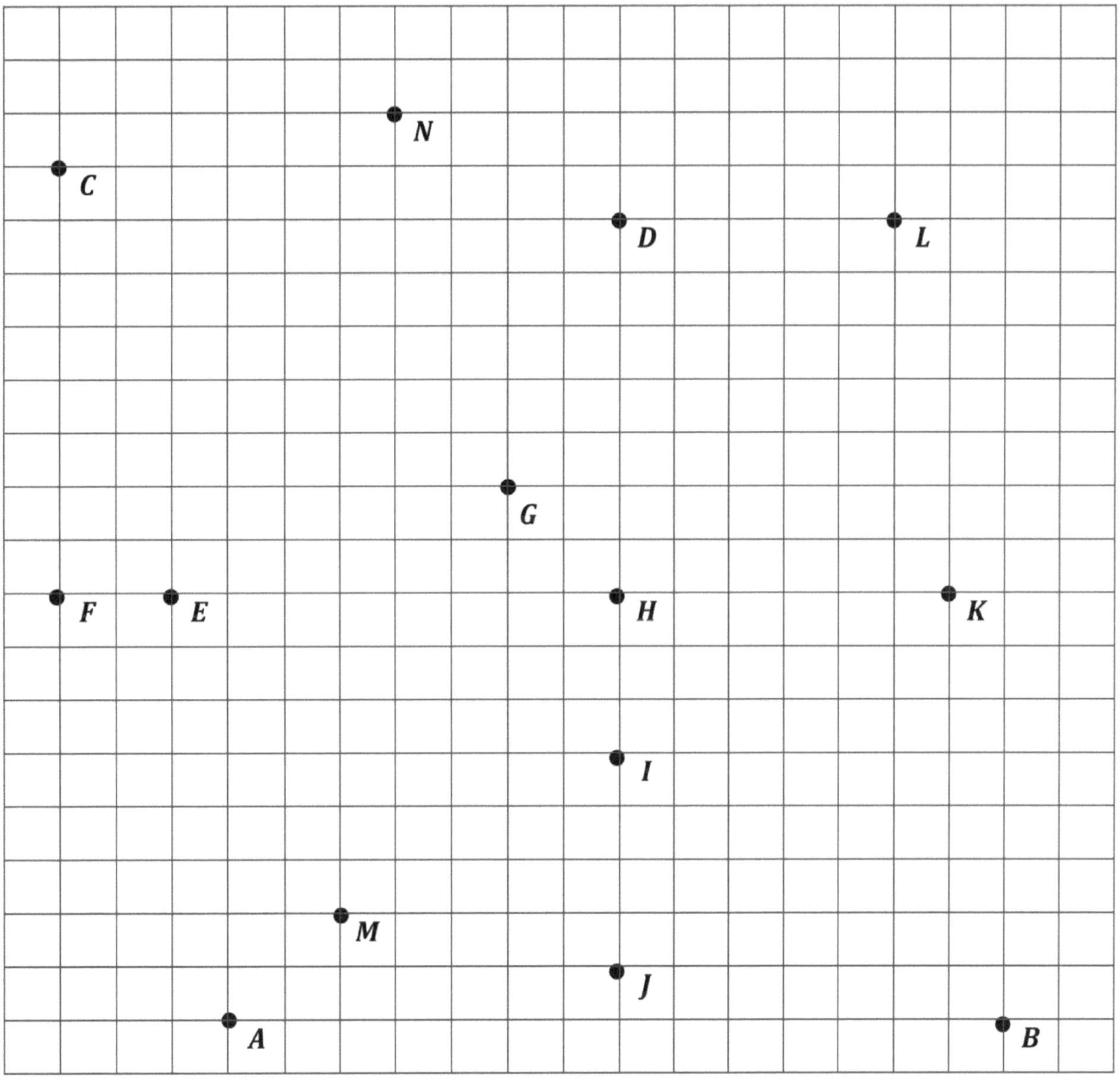

Leçon 3 : Nommez les points à l'aide de paires de coordonnées et utilisez les paires de coordonnées pour points de tracé.

UNE HISTOIRE D'UNITÉS   Leçon 3 Série de problèmes   5•6

2. Pour tous les problèmes suivants, tenez compte des points *UNE* à travers *N* sur la page précédente.

   a. Identifiez tous les points qui ont un x-coordonné de $3\frac{1}{3}$.

   b. Identifiez tous les points qui ont un y-coordonné de $2\frac{2}{3}$.

   c. Quel point est $3\frac{1}{3}$ unités au-dessus du x-axe *et* $2\frac{2}{3}$ unités à droite du y-axe ? Nommez le point et indiquez sa paire de coordonnées.

   d. Quel point est localisé $5\frac{1}{3}$ unités de la y-axe ?

   e. Quel point est localisé $1\frac{2}{3}$ unités le long du x-axe ?

   f. Donnez la paire de coordonnées pour chacun des points suivants.

   K : _____ I : _____ B : _____ C : _____

   g. Nommez les points situés aux coordonnées suivantes.

   $(1\frac{2}{3}, \frac{2}{3})$ _____ $(0, 2\frac{2}{3})$ _____   (dix) _____ $(2, 5\frac{2}{3})$ _____

   h. Quel point a un égal x - et y -coordonner ? _____

   i. Donnez les coordonnées de l'intersection des deux axes. (____, ____) Un autre nom pour ce point de l'avion est le _____.

   j. Trace les points suivants.

   $P : (4\frac{1}{3}, 4)$ $Q : (\frac{1}{3}, 6)$ $R : (4\frac{2}{3}, 1)$ $S : (0, 1\frac{2}{3})$

   k. Quelle est la distance entre E et H, ou EH ?

l. Quelle est la durée de HD ?

m. La longueur de ED être supérieur ou inférieur à $EH + HD$?

n. Jack était absent lorsque l'enseignant a expliqué comment décrire l'emplacement d'un point sur le plan de coordonnées. Expliquez-lui en utilisant le point J.

UNE HISTOIRE D'UNITÉS · Leçon 3 Ticket de sortie 5•6

Nom _____ Date _____

Utilisez une règle sur la grille ci-dessous pour construire les axes d'un plan de coordonnées. le x-l'axe doit se croiser points L et M. Construisez le y-axis pour qu'il contienne des points K et L. Étiquetez chaque axe.

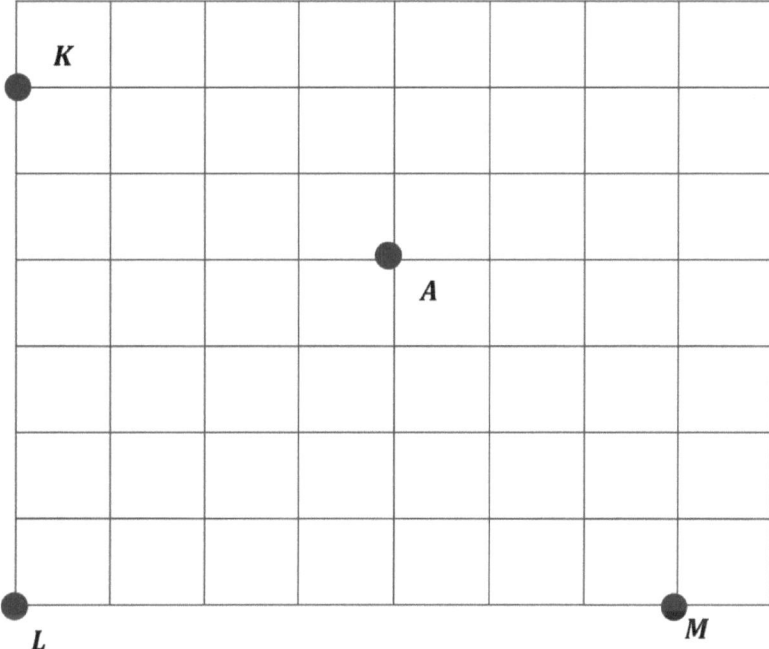

a. Placez une marque dièse sur chaque ligne de grille sur x- et y-axe.

b. Étiquetez chaque marque de hachage pour que A est situé à (1, 1).

c. Trace les points suivants :

Point	x-coordonner	y-coordonner
B	$\frac{1}{4}$	0
C	$1\frac{1}{4}$	$\frac{3}{4}$

Leçon 3 : Nommez les points à l'aide de paires de coordonnées et utilisez les paires de coordonnées pour points de tracé.

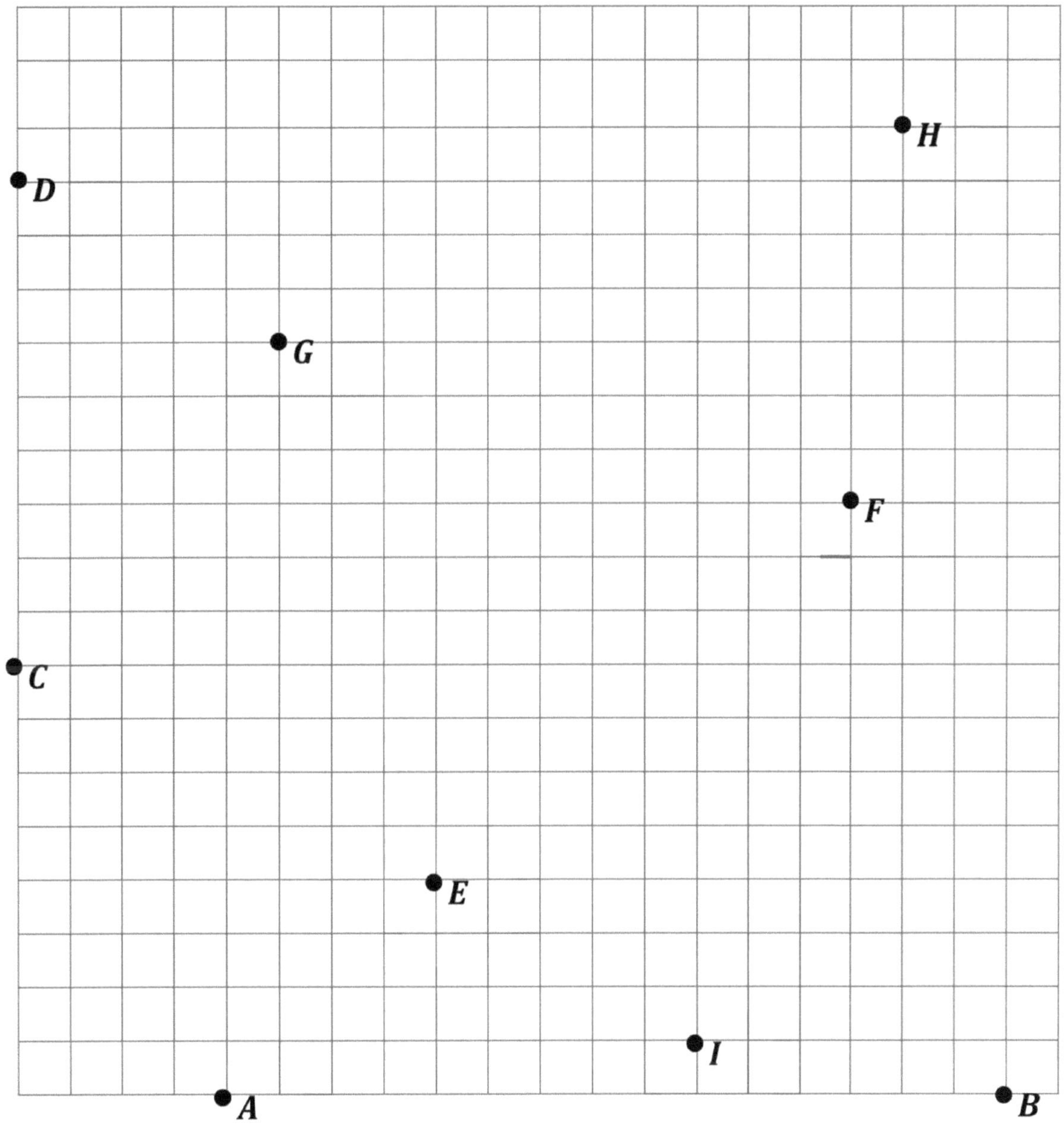

plan de coordonnées sans étiquette

Leçon 3 : Nommez les points à l'aide de paires de coordonnées et utilisez les paires de coordonnées pour points de tracé.

Leçon 4 Problème d'application 5•6

Violet et Magnolia recherchent des boîtes pour organiser les matériaux de leur entreprise de design. Magnolia veut obtenir de petites boîtes, qui mesurent 16 in × 10 in × 7 in. Violet veut devenir grande boîtes, qui mesurent 32 in × 20 in × 14 in. Combien de petites boîtes égaleront le volume de quatre grandes boîtes ?

Lire **Dessiner** **Écrire**

Leçon 4 : Nommez les points à l'aide de paires de coordonnées et utilisez les paires de coordonnées pour points de tracé.

Règles du cuirassé

Objectif : Pour couler tous les navires de votre adversaire en devinant correctement leurs coordonnées.

Matériaux

- 1 grille (par personne / par match)
- Crayon / marqueur rouge pour les coups
- Crayon / marqueur noir pour les ratés
- Dossier à placer entre les joueurs

Navires

- Chaque joueur doit marquer 5 navires sur la grille.
    - Porte-avions - tracez 5 points.
    - Cuirassé - tracez 4 points.
    - Cruiser : tracez 3 points.
    - Sous-marin : tracez 3 points.
    - Patrouilleur - tracez 2 points.

Installer

- Avec votre adversaire, choisissez une unité de longueur et une unité fractionnaire pour le plan de coordonnées.
- Étiquetez les unités choisies sur les deux feuilles de grille.
- Sélectionnez secrètement des emplacements pour chacun des 5 navires de votre grille Mes navires.
    - Tous les navires doivent être placés horizontalement ou verticalement sur le plan de coordonnées.
    - Les navires peuvent se toucher, mais ils peuvent ne pas occuper la même coordonnée.

Jouer

- Les joueurs tirent à tour de rôle pour attaquer les navires ennemis.
- À votre tour, appelez les coordonnées de votre coup d'attaque. Enregistrez les coordonnées de chaque coup d'attaque.
- Votre adversaire vérifie sa grille Mes navires. Si cette coordonnée est inoccupée, votre adversaire dit « Miss ». Si vous avez nommé une coordonnée occupée par un vaisseau, votre adversaire dit : « Hit ».
- Marquez chaque tentative de tir sur votre grille de vaisseaux ennemis. Marquer un noir ✖ sur la coordonnée si votre adversaire dit, « Miss. » Marquer un rouge ✓ sur la coordonnée si votre adversaire dit « Hit ».
- Au tour de votre adversaire, s'il touche l'un de vos navires, marquez un ✓ sur cette coordonnée de votre grille Mes navires. Lorsqu'un de vos navires a chaque coordonnée ✓, dites : « Vous avez coulé mon [nom du navire]. »

La victoire

- Le premier joueur à couler tous (ou le plus grand nombre) de navires adverses gagne.

Leçon 4 : Nommez les points à l'aide de paires de coordonnées et utilisez les paires de coordonnées pour points de tracé.

Mes navires

- Dessinez un rouge ✓ sur toute coordonnée que votre adversaire frappe.
- Une fois que toutes les coordonnées d'un navire ont été touchées, disons, « Vous avez coulé mon [nom du navire]. »

> Porte-avions - 5 points
> Cuirassé - 4 points
> Croiseur - 3 points
> Sous-marin - 3 points
> Patrouilleur - 2 points

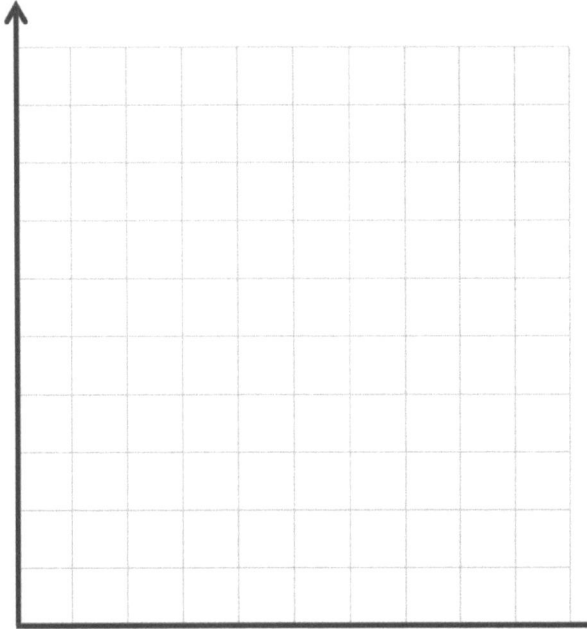

Coups d'attaque

- Enregistrez les coordonnées de chaque coup ci-dessous et s'il s'agissait d'un ✓ (hit) ou une ✖ (manquer).

(____, ____) (____, ____)
(____, ____) (____, ____)
(____, ____) (____, ____)
(____, ____) (____, ____)
(____, ____) (____, ____)
(____, ____) (____, ____)
(____, ____) (____, ____)
(____, ____) (____, ____)

Navires ennemis

- Dessine un noir ✖ sur la coordonnée si votre adversaire dit, « Mademoiselle. »
- Dessinez un rouge ✓ sur la coordonnée si votre adversaire dit, « Frappé. »
- Tracez un cercle autour des coordonnées d'un navire coulé.

Leçon 4 : Nommez les points à l'aide de paires de coordonnées et utilisez les paires de coordonnées pour points de tracé.

Nom _____ Date _____

Fatima et Rihana jouent à Battleship. Ils ont étiqueté leurs axes en utilisant uniquement des nombres entiers.

a. La première hypothèse de Fatima est (2, 2). Rihana dit : « Frappez ! » Donnez les coordonnées de quatre points que Fatima pourrait deviner ensuite.

b. Rihana dit : « Frappez ! » pour les points directement au-dessus et au-dessous (2, 2). Quelles sont les coordonnées que Fatima a devinées ?

Une entreprise a développé un nouveau jeu. Des cartons sont nécessaires pour expédier 40 jeux à la fois. Chaque jeu mesure 2 pouces de haut sur 7 pouces de large sur 14 pouces de long.

Comment recommanderiez-vous d'emballer les jeux de société dans le carton ? Quelles sont les dimensions d'un carton pouvant transporter 40 jeux de société sans espace supplémentaire dans la boîte ?

_____

_____

_____

_____

Lire   **Dessiner**   **Écrire**

Leçon 5 :   Étudiez les modèles dans les lignes verticales et horizontales et interprétez points sur le plan en tant que distances des axes.

Nom _____   Date _____

1. Utilisez le plan de coordonnées à droite pour répondre questions suivantes.

    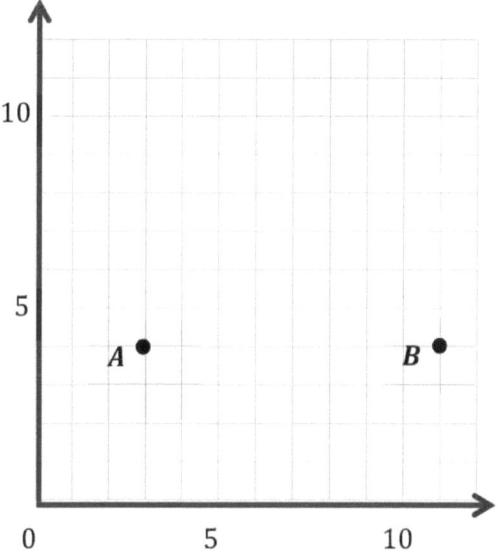

    a. Utilisez une règle pour construire une ligne qui va à travers les points A et B. Étiqueter la ligne e.

    b. Ligne e est parallèle à l'axe _____- et est perpendiculaire à l'axe _____-.

    c. Tracez deux autres points en ligne e. Nomme les C et ré.

    d. Donnez les coordonnées de chaque point ci-dessous.

        UNE : _____   B : _____

        C : _____   ré : _____

    e. Que font tous les points de ligne e avoir en commun ?

    f. Donnez les coordonnées d'un autre point qui tomberait sur la ligne e avec un x-coordonnée supérieure à 15.

2. Tracez les points suivants sur le plan de coordonnées à droite.

$P : (1\frac{1}{2}; \frac{1}{2})$ $Q : (1\frac{1}{2}; 2\frac{1}{2})$

$R : (1\frac{1}{2}, 1\frac{1}{4})$ $S : (1\frac{1}{2}, \frac{3}{4})$

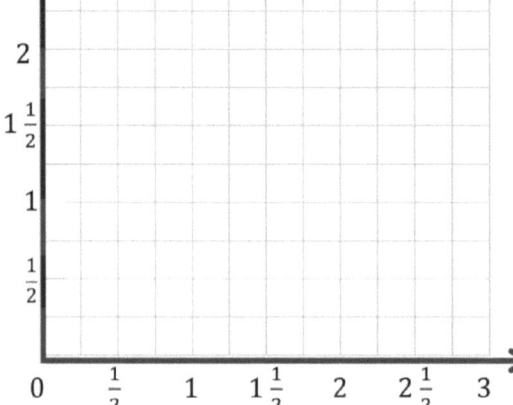

a. Utilisez une règle pour tracer une ligne pour vous connecter ces points. Étiqueter la ligne ℓ.

b. En ligne ℓ, $x =$ _____ pour toutes les valeurs de y.

c. Entourer le mot correct.

Ligne ℓ est *parallèle perpendiculaire* à la x-axe.

Ligne ℓ est *parallèle perpendiculaire* à la y-axe.

d. Quel motif se produit dans les paires de coordonnées qui vous permettent de connaître cette ligne ℓ est vertical ?

3. Pour chaque paire de points ci-dessous, pensez à la ligne qui les relie. Pour quelles paires la ligne est-elle parallèle à les x-axe ? Encerclez votre (vos) réponse (s). Sans les tracer, expliquez comment vous le savez.

a. (1.4, 2.2) et (4.1, 2.4)   b. (3, 9) et (8, 9)   c. $(1\frac{1}{4}, 2)$ et $(1\frac{1}{4}, 8)$

4. Pour chaque paire de points ci-dessous, pensez à la ligne qui les relie. Pour quelles paires la ligne est-elle parallèle au y-axe ? Encerclez votre (vos) réponse (s). Ensuite, donnez 2 autres paires de coordonnées qui tomberaient également sur cette ligne.

a. (4, 12) et (6, 12)   b. $(\frac{3}{5}, 2\frac{3}{5})$ et $(\frac{1}{5}, 3\frac{1}{5})$ c. (0,8, 1,9) et (0,8, 2,3)

5. Écrivez les paires de coordonnées de 3 points qui peuvent être connectées pour construire une ligne $5\frac{1}{2}$ unités à droite et parallèlement au y-axe.

   a. _____ b. _____ c. _____

6. Écrivez les paires de coordonnées de 3 points qui se trouvent sur le x-axe.

   a. _____ b. _____ c. _____

7. Adam et Janice jouent à Battleship. Présenté dans le tableau est un enregistrement des suppositions d'Adam jusqu'à présent. Il a frappé le cuirassé de Janice en utilisant ces paires de coordonnées. Quoi devrait-il deviner ensuite ? Comment le savez-vous ? Expliquez avec des mots et des photos.

(3, 11)	frappé
(2, 11)	manquer
(3, 10)	frappé
(4, 11)	manquer
(3, 9)	manquer

Leçon 5 : Étudiez les modèles dans les lignes verticales et horizontales et interprétez points sur le plan en tant que distances des axes.

Nom _____ Date _____

1. Utilisez une règle pour construire une ligne qui va à travers les points UNE et B. Étiqueter la ligne ℓ.

2. Quel axe est parallèle à la ligne ℓ ?

   Quel axe est perpendiculaire à la ligne ℓ ?

3. Tracez deux autres points en ligne ℓ. Nomme les C et $ré$.

4. Donnez les coordonnées de chaque point ci-dessous.

   UNE : _____ B : _____
   C : _____ $ré$: _____

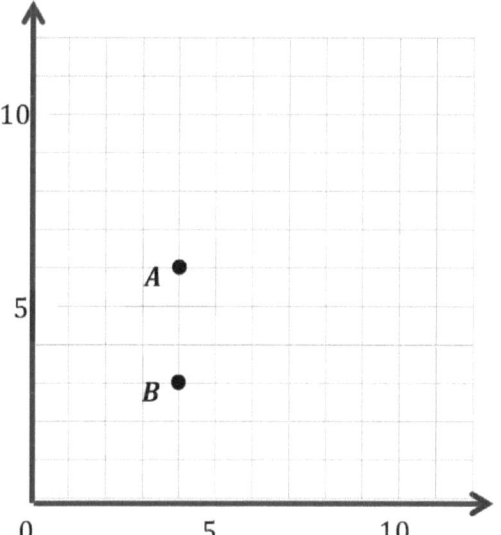

5. Donnez les coordonnées d'un autre point qui tombe sur la ligne ℓ avec un y-coordonnée supérieure à 20.

Leçon 5 : Étudiez les modèles dans les lignes verticales et horizontales et interprétez points sur le plan en tant que distances des axes.

Point	x	y	(x, y)
H			
I			
J			
K			
L			

a.

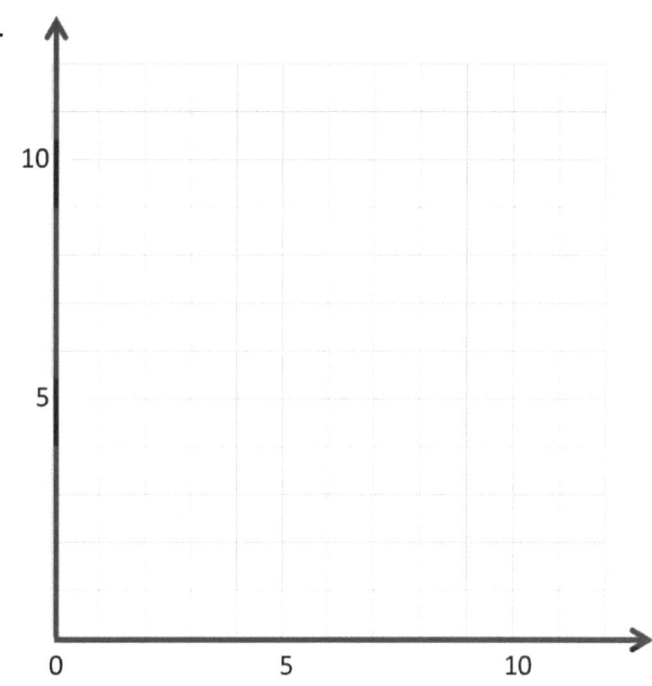

b.

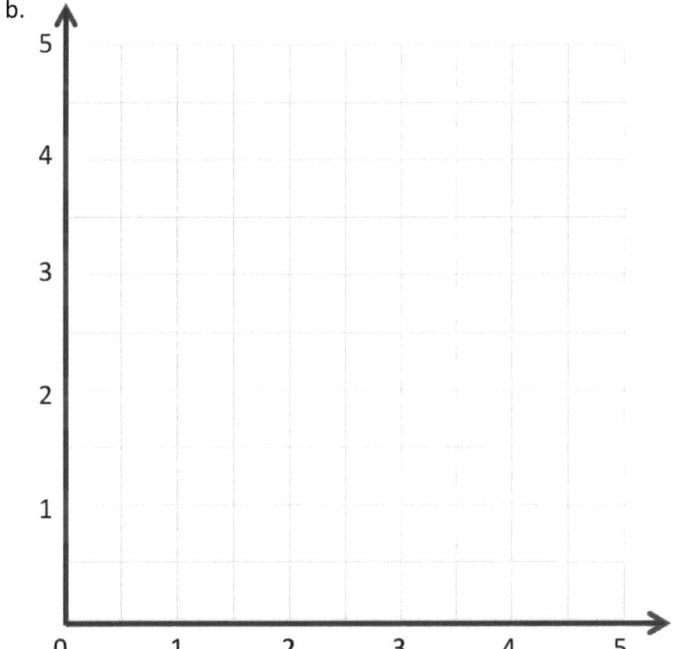

Point	x	y	(x, y)
D	$2\frac{1}{2}$	0	$(2\frac{1}{2}, 0)$
E	$2\frac{1}{2}$	2	$(2\frac{1}{2}, 2)$
F	$2\frac{1}{2}$	4	$(2\frac{1}{2}, 4)$

Coordonner la pratique du plan

Leçon 5 : Étudiez les modèles dans les lignes verticales et horizontales et interprétez points sur le plan en tant que distances des axes.

Adam a construit une boîte à jouets pour les blocs de bois de ses enfants.

a. Si les dimensions intérieures de la boîte sont de 18 pouces sur 12 pouces sur 6 pouces, quel est le nombre maximum de cubes en bois de 2 pouces qui rentreront dans la boîte à jouets ?

b. Et si Adam avait construit la boîte de 16 pouces sur 9 pouces sur 9 pouces ? Quel est le nombre maximum de cubes en bois de 2 pouces qui tiendraient dans cette boîte de taille ?

Lire   Dessiner   Écrire

Leçon 6 : Étudiez les modèles dans les lignes verticales et horizontales et interprétez points sur le plan en tant que distances des axes.

Nom _____ Date _____

1. Tracez les points suivants et étiquetez-les sur le plan de coordonnées.

   $UNE : (0,3, 0,1)$ $B : (0,3, 0,7)$
   $C : (0,2, 0,9)$ $D : (0,4, 0,9)$

   a. Utilisez une règle pour créer des segments de ligne $\overline{AB}$ et $\overline{CD}$.

   b. Le segment de ligne _____ est parallèle au x-axis et est perpendiculaire au y-axe.

   c. Le segment de ligne _____ est parallèle au y-axis et est perpendiculaire au x-axe.

   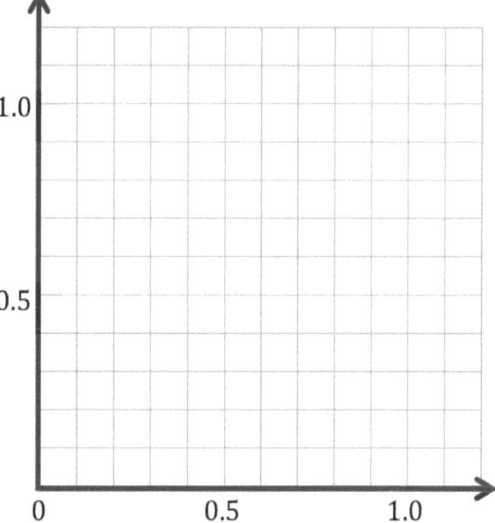

   d. Tracer un point sur un segment de ligne $\overline{AB}$ ce n'est pas au niveau des extrémités, et nommez-le U. Écrivez les coordonnées. $U\ (\_\_\_\_\_,\ \_\_\_\_\_)$

   e. Tracer un point sur un segment de ligne $\overline{CD}$, et nommez-le V. Écrivez les coordonnées. $V\ (\_\_\_\_\_,\ \_\_\_\_\_)$

Leçon 6 : Étudiez les modèles dans les lignes verticales et horizontales et interprétez points sur le plan en tant que distances des axes.

2. Construire la ligne f tel que le y-la coordonnée de chaque point est $3\frac{1}{2}$ et construire une ligne g tel que le x-la coordonnée de chaque point est $4\frac{1}{2}$.

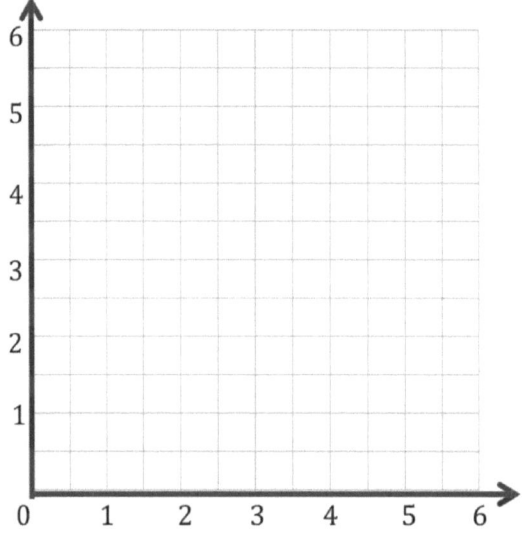

a. Ligne f est _____ unités du x-axe.

b. Donner les coordonnées du point sur la ligne f C'est $\frac{1}{2}$ unité de la y-axe. _____

c. Avec un crayon bleu, ombrer la partie du grille inférieure à $3\frac{1}{2}$ unités de la x-axe.

d. Ligne g est _____ unités du y-axe.

e. Donner les coordonnées du point sur la ligne g soit 5 unités du x-axe. _____

f. Avec un crayon rouge, ombrer la partie du grille qui est plus que $4\frac{1}{2}$ unités de la y-axe.

3. Effectuez les tâches suivantes dans le plan ci-dessous.

   a. Construire une ligne m qui est perpendiculaire au x-axis et 3,2 unités de la y-axe.

   b. Construire une ligne a soit 0,8 unité du x-axe.

   c. Construire une ligne t qui est parallèle à la ligne m et est à mi-chemin entre la ligne m et le y-axe.

   d. Construire une ligne h qui est perpendiculaire à la ligne t et passe par le point (1.2, 2.4).

   e. À l'aide d'un crayon bleu, ombrer la région qui contient des points qui sont à plus de 1,6 unité et à moins de 3,2 unités du y-axe.

   f. À l'aide d'un crayon rouge, ombrer la région qui contient des points supérieurs à 0,8 unité et inférieurs à 2,4 unités du x-axe.

   g. Donnez les coordonnées d'un point situé dans la région à double ombrage.

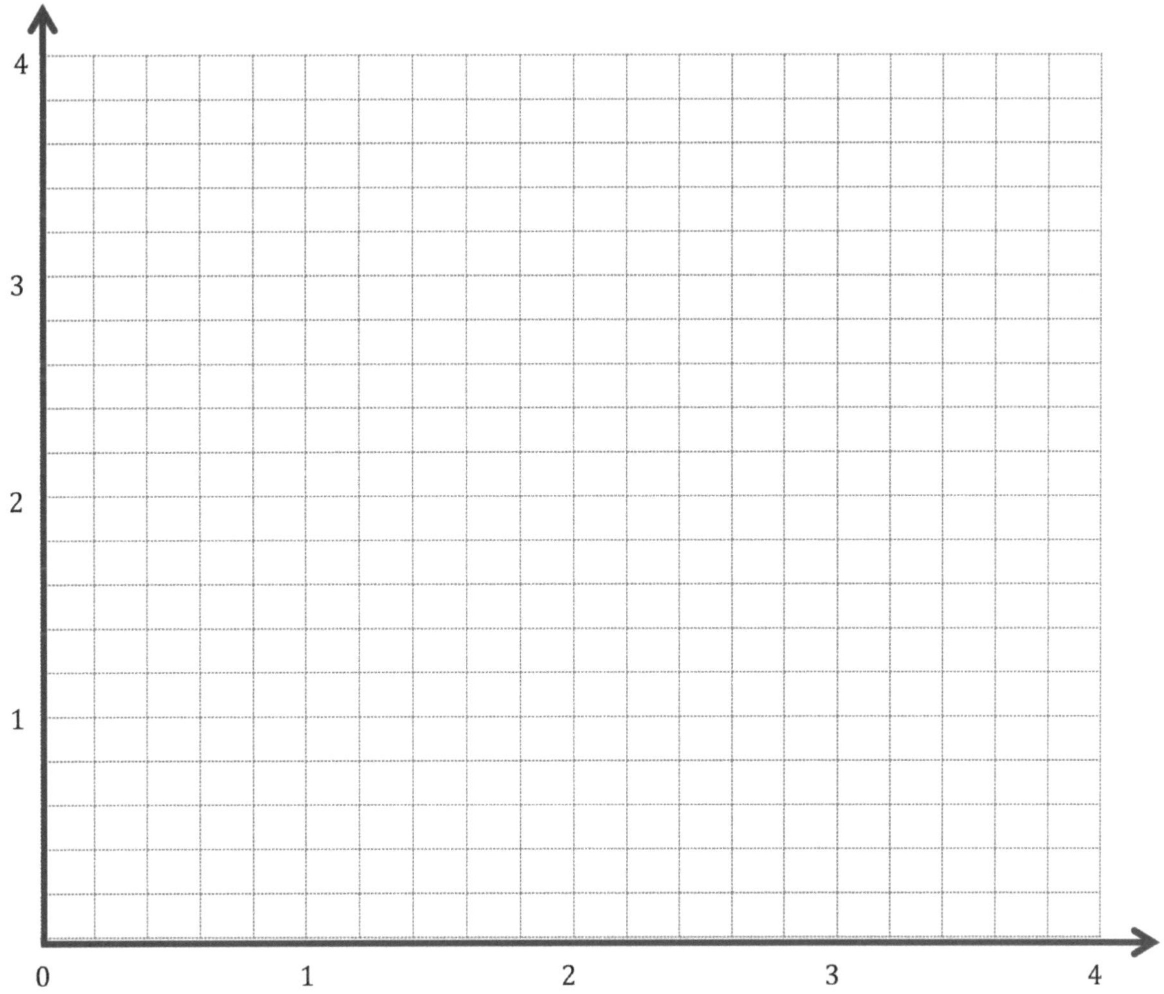

Nom _____ Date _____

1. Tracer le point $H(2\frac{1}{2}, 1\frac{1}{2})$.

2. Ligne ℓ passe par un point H et est parallèle au y-axe. Construire la ligne ℓ.

3. Construire la ligne m tel que le y-la coordonnée de chaque point est $\frac{3}{4}$.

4. Ligne m est _____ unités du x-axe.

5. Donner les coordonnées du point sur la ligne m C'est $\frac{1}{2}$ unité de la y-axe.

6. Avec un crayon bleu, ombrer la partie du plan qui est inférieure à $\frac{3}{4}$ unité de la x-axe.

7. Avec un crayon rouge, ombrez la partie du plan qui est inférieure à $2\frac{1}{2}$ unités de la y-axe.

8. Tracez un point situé dans la région à double ombre. Donnez les coordonnées du point.

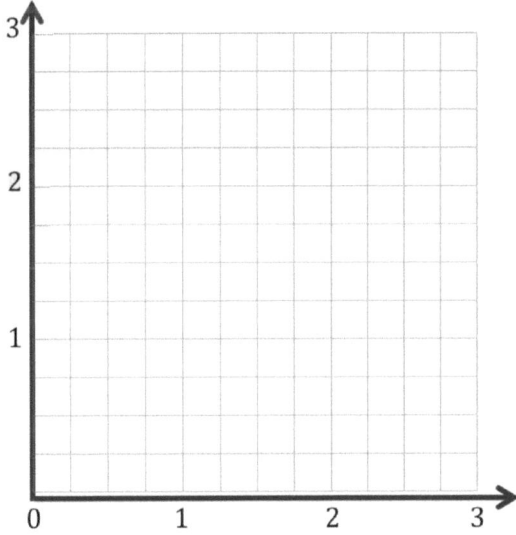

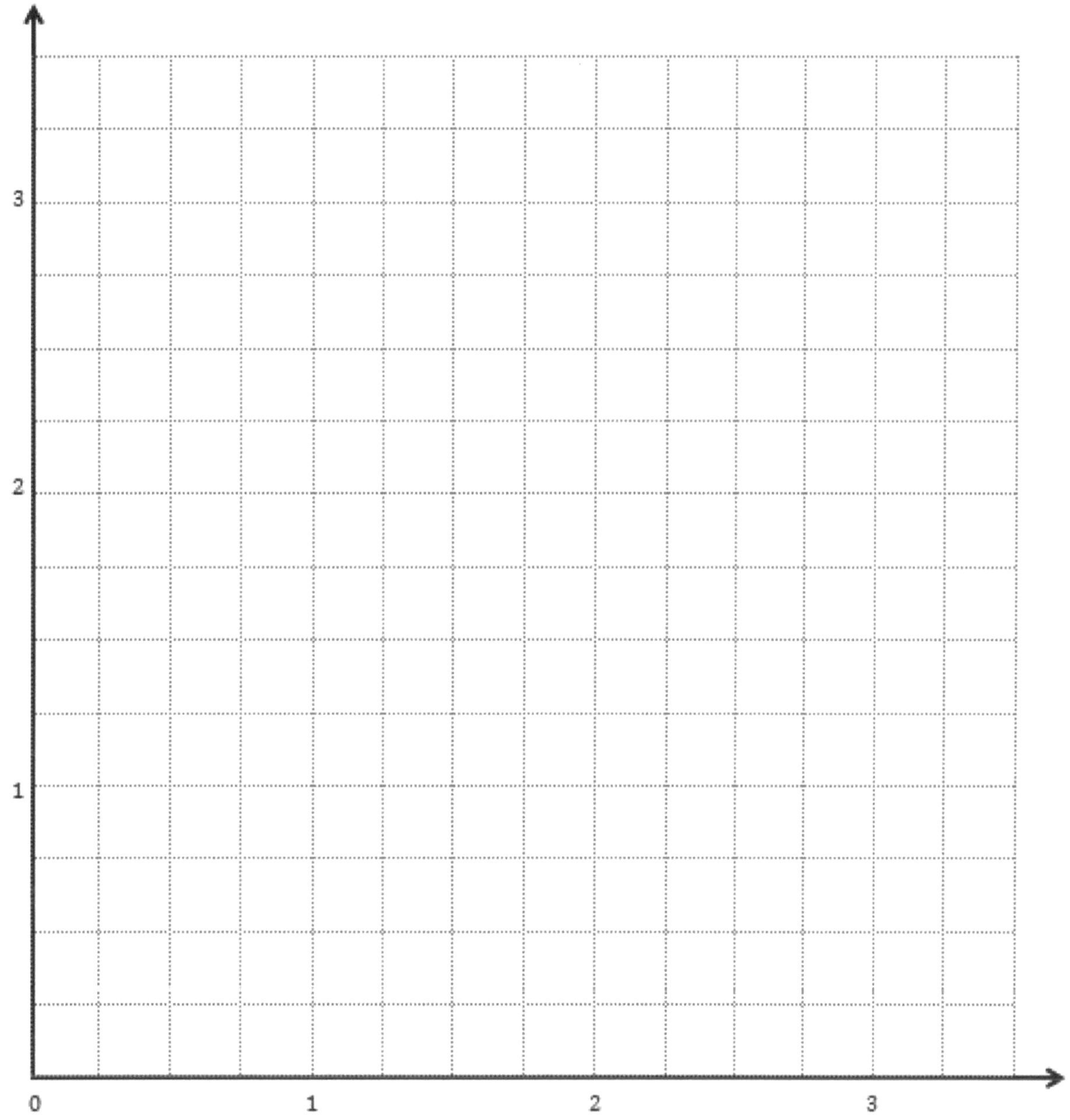

Point	x	y	(x, y)
A			
B			
C			

Point	x	y	(x, y)
D			
E			
F			

avion coordonné

Leçon 6 : Étudiez les modèles dans les lignes verticales et horizontales et interprétez points sur le plan en tant que distances des axes.

UNE HISTOIRE D'UNITÉS

Leçon 7 Problème d'application 5•6

Un verger facture $0.85 pour expédier un quart de kilogramme de pamplemousse. Chaque pamplemousse pèse environ 165 grammes. Combien coûtera l'envoi de 40 pamplemousses ?

_____

_____

_____

_____

Lire   Dessiner   Écrire

Leçon 7 : Tracez des points, utilisez-les pour tracer des lignes dans le plan et décrire des motifs dans les paires de coordonnées.

53

Copyright © Great Minds PBC

Nom _____ Date _____

1. Complète le tableau. Ensuite, tracez les points sur le plan de coordonnées ci-dessous.

x	y	(x, y)
0	1	(0, 1)
2	3	
4	5	
6	7	

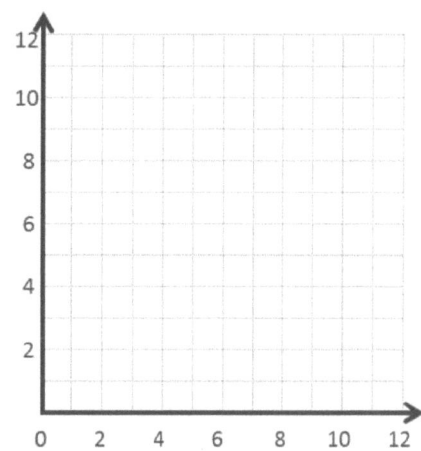

   a. Utilisez une règle pour tracer une ligne reliant ces points.

   b. Écrivez une règle montrant la relation entre les x- et y-les coordonnées des points sur la ligne.

   c. Nommez 2 autres points qui se trouvent sur cette ligne. _____ _____

2. Complète le tableau. Ensuite, tracez les points sur le plan de coordonnées ci-dessous.

x	y	(x, y)
$\frac{1}{2}$	1	
1	2	
$1\frac{1}{2}$	3	
2	4	

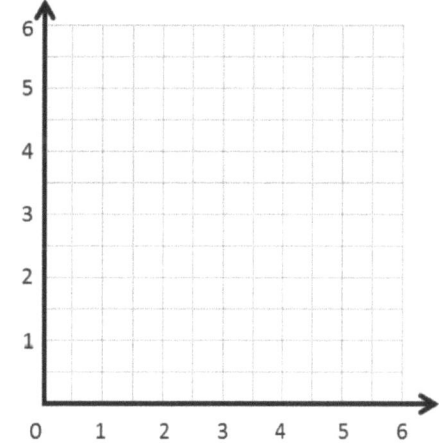

   a. Utilisez une règle pour tracer une ligne reliant ces points.

   b. Écrivez une règle montrant la relation entre les x- et y-coordonnées.

   c. Nommez 2 autres points qui se trouvent sur cette ligne. _____ _____

3. Utilisez le plan de coordonnées ci-dessous pour répondre aux questions suivantes.

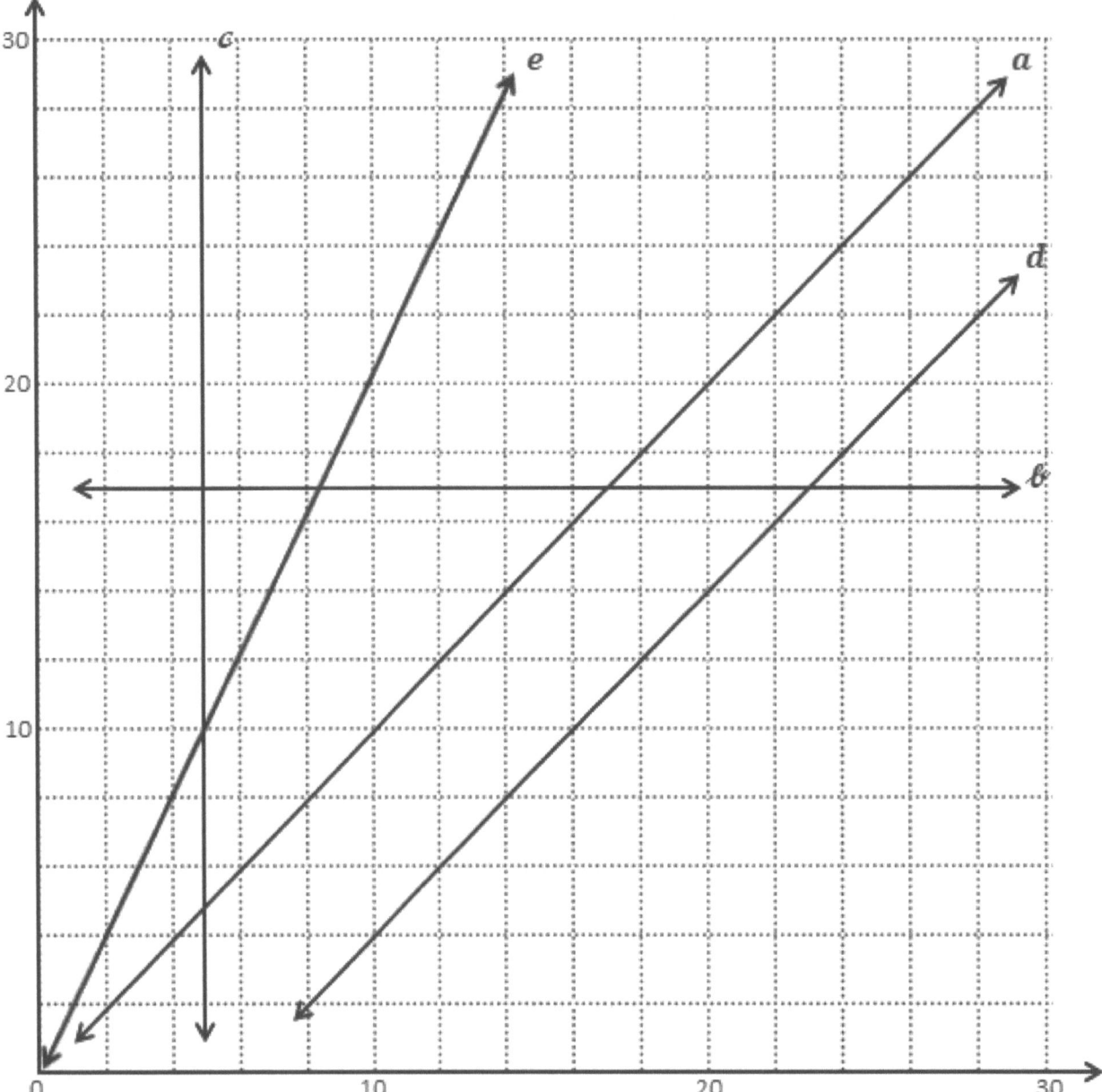

a. Donnez les coordonnées de 3 points en ligne a. _____   _____   _____

b. Écrivez une règle décrivant la relation entre les x- et y-coordonnées pour les points en ligne a.

c. Que remarquez-vous à propos du y-les coordonnées de chaque point en ligne b ?

d. Remplissez les coordonnées manquantes pour les points en ligne d.

(12, ____)   (6, ____)   (____, 24)   (28, ____)   (____, 28)

e. Pour tout point en ligne c, les x-coordonné est _____.

f. Chacun des points se trouve sur au moins 1 des lignes représentées dans le plan de la page précédente. Identifiez une ligne contenant chacun des points suivants.

i. (7, 7) __a__   ii. (14, 8) _____   iii. (5, 10) _____

iv. (0, 17) _____   v. (15.3, 9.3) _____   vi. (20, 40) _____

Nom _____ date _____

Complète le tableau. Ensuite, tracez les points sur le plan de coordonnées.

X	y	(x, y)
0	4	
2	6	
3	7	
7	11	

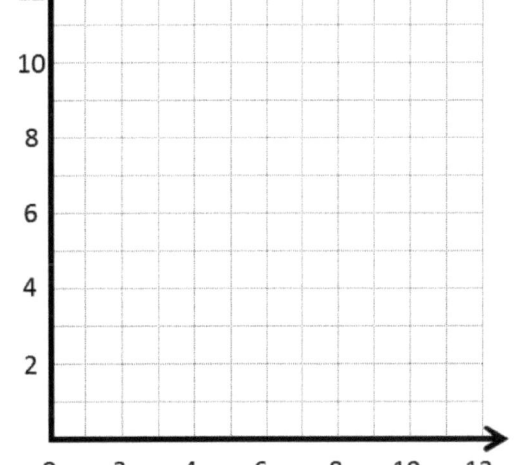

1. Utilisez une règle pour tracer une ligne reliant ces points.

2. Écrivez une règle pour montrer la relation entre les x - et y -coordonne les points sur la ligne.

3. Nommez deux autres points qui sont également sur cette ligne. _____ _____

Nom _____ Date _____

1.

a.

Point	x	y	(x, y)
A	0	0	(0, 0)
B	1	1	(1, 1)
C	2	2	(2, 2)
D	3	3	(3, 3)

b.

Point	x	y	(x, y)
G	0	3	(0, 3)
H	$\frac{1}{2}$	$3\frac{1}{2}$	($\frac{1}{2}$, $3\frac{1}{2}$)
I	1	4	(1, 4)
J	$1\frac{1}{2}$	$4\frac{1}{2}$	($1\frac{1}{2}$, $4\frac{1}{2}$)

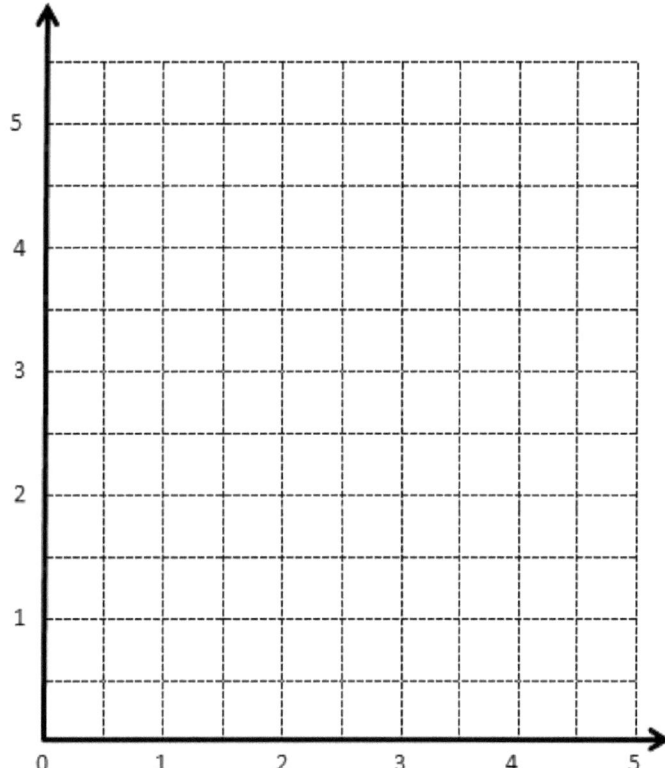

avion coordonné

Leçon 7 : Tracez des points, utilisez-les pour tracer des lignes dans le plan et décrire des motifs dans les paires de coordonnées.

2.

a.

Point	(x, y)
L	(0, 3)
M	(2, 3)
N	(4, 3)

b.

Point	(x, y)
O	(0, 0)
P	(1, 2)
Q	(2, 4)

c.

Point	(x, y)
R	$(1, \frac{1}{2})$
S	$(2, 1\frac{1}{2})$
T	$(3, 2\frac{1}{2})$

d.

Point	(x, y)
U	(1, 3)
V	(2, 6)
DANS	(3, 9)

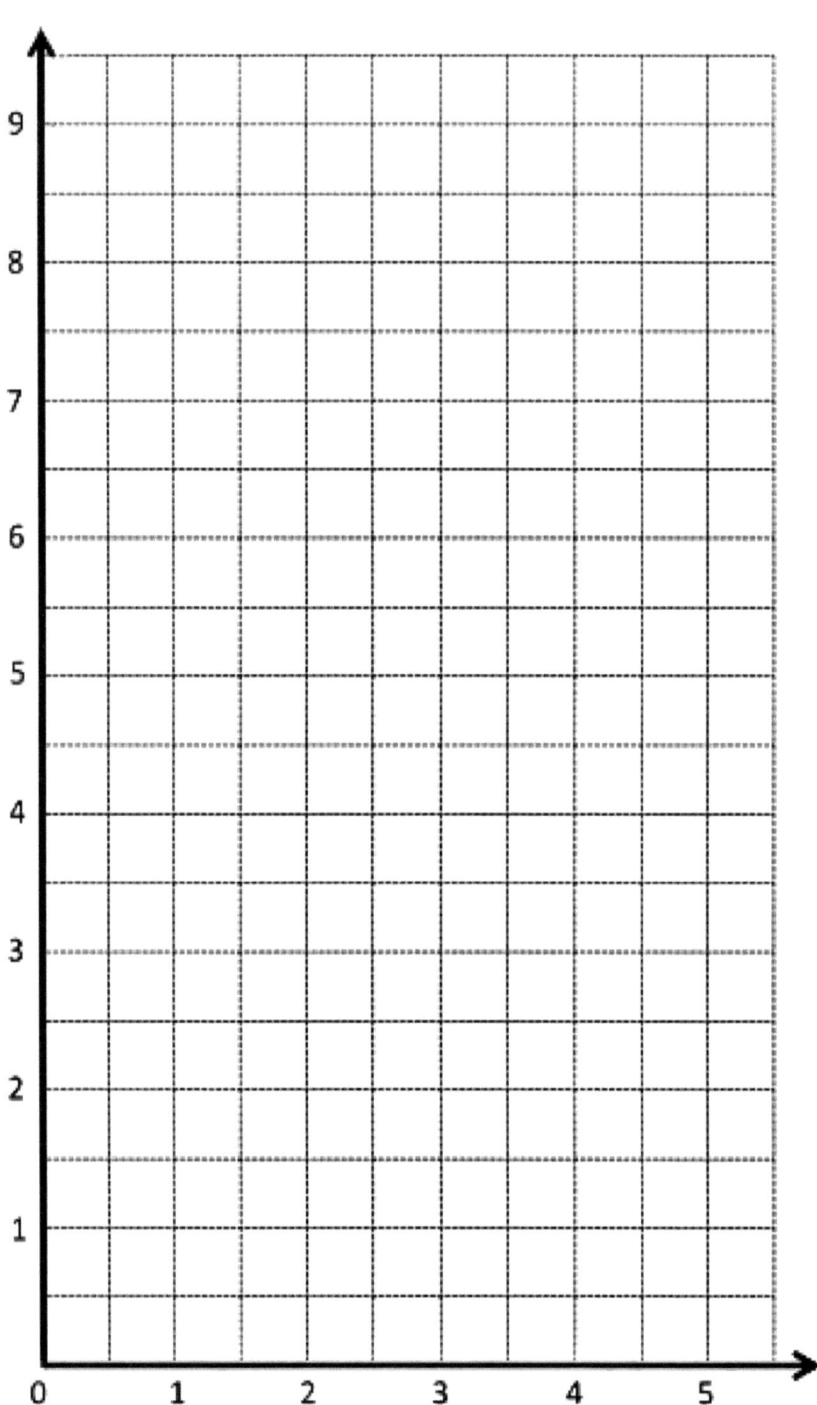

avion coordonné

Leçon 7 : Tracez des points, utilisez-les pour tracer des lignes dans le plan et décrire des motifs dans les paires de coordonnées.

Les paires de coordonnées répertoriées localisent des points sur deux lignes différentes. Écrivez une règle décrivant la relation entre les x- et y-coordonnées pour chaque ligne.

Ligne ℓ : ($3\frac{1}{2}$, 7), ($1\frac{2}{3}$, $3\frac{1}{3}$), (5,10)

Ligne m : ($\frac{6}{3}$, 1), ($3\frac{1}{2}$, $1\frac{3}{4}$), (13, $6\frac{1}{2}$)

Lire   Dessiner   Écrire

Leçon 8 : Générez un modèle numérique à partir d'une règle donnée et tracez les points.

Nom _____ Date _____

1. Créez un tableau de 3 valeurs pour x et y tel que chacun y-coordonnée est 3 de plus que le correspondant x-coordonner.

x	y	(x, y)

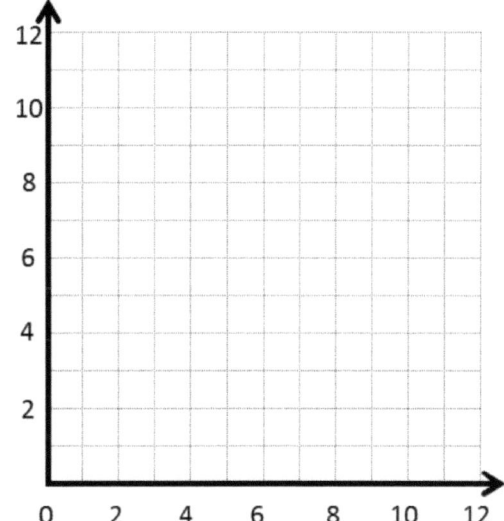

a. Tracez chaque point sur le plan de coordonnées.

b. Utilisez une règle pour tracer une ligne reliant ces points.

c. Donnez les coordonnées de 2 autres points qui tombent sur cette ligne avec X-coordonnées supérieures à 12. (_____, _____) et (_____, _____)

2. Créez un tableau de 3 valeurs pour x et y tel que chacun y-coordonnée est 3 fois plus que son correspondant x-coordonner.

x	y	(x, y)

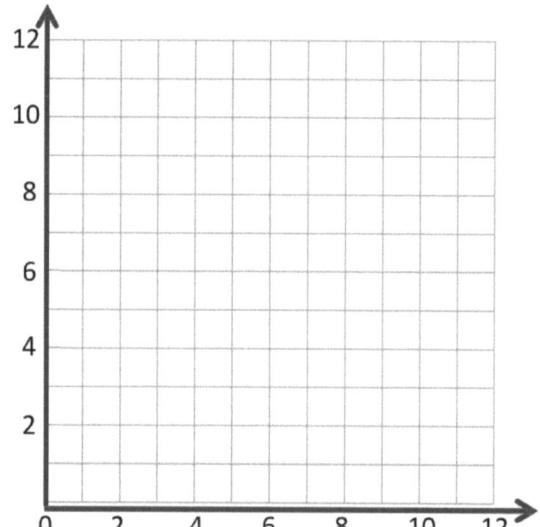

a. Tracez chaque point sur le plan de coordonnées.

b. Utilisez une règle pour tracer une ligne reliant ces points.

c. Donnez les coordonnées de 2 autres points qui tombent sur cette ligne avec y-coordonnées supérieures à 25. (_____, _____) et (_____, _____)

3. Créez un tableau de 5 valeurs pour x et y tel que chacun y-coordonnée est 1 plus de 3 fois plus que son correspondant x valeur.

x	y	(x, y)

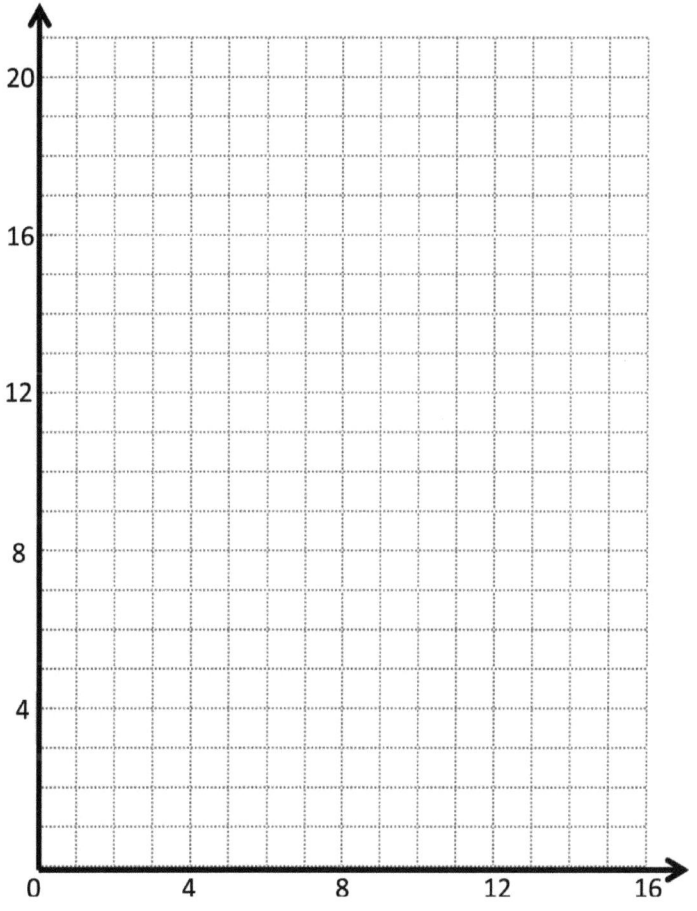

a. Tracez chaque point sur le plan de coordonnées.

b. Utilisez une règle pour tracer une ligne reliant ces points.

c. Donnez les coordonnées de 2 autres points qui tomberaient sur cette ligne dont x-les coordonnées sont supérieures à 12.
(____, ____) et (____, ____)

4. Utilisez le plan de coordonnées ci-dessous pour effectuer les tâches suivantes.

   a. Tracez les lignes sur le plan.

   ligne ℓ : x est égal à y

	x	y	(x, y)
A			
B			
C			

   ligne m : y est 1 de plus que x

	x	y	(x, y)
G			
H			
I			

   ligne n : y vaut 1 plus de deux fois x

	x	y	(x, y)
S			
T			
U			

   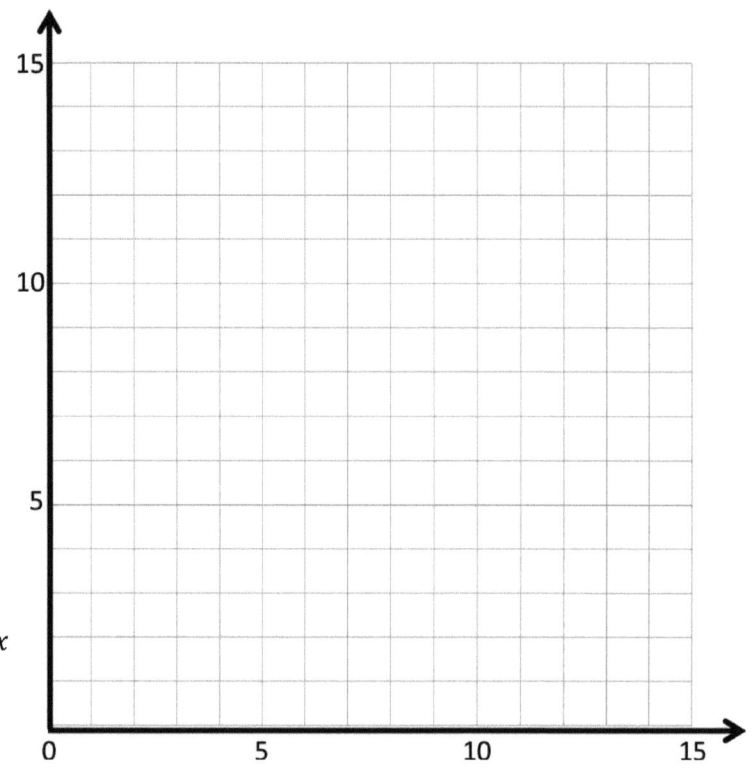

   b. Quelles deux lignes se croisent ? Donnez les coordonnées de leur intersection.

   c. Quelles sont les deux lignes parallèles ?

   d. Donnez la règle pour une autre ligne qui serait parallèle aux lignes que vous avez énumérées dans le problème 4 (c).

Nom _____ Date _____

Complétez ce tableau avec les valeurs pour y tel que chacun y-coordonnée est 5 fois plus de 2 fois plus x-coordonner.

x	y	(x, y)
0		
2		
3,5		

a. Tracez chaque point sur le plan de coordonnées.

b. Utilisez une règle pour tracer une ligne reliant ces points.

c. Nommez 2 autres points qui correspondent à cette ligne avec y-coordonnées supérieures à 25.

Leçon 8 : Générez un modèle numérique à partir d'une règle donnée et tracez les points.

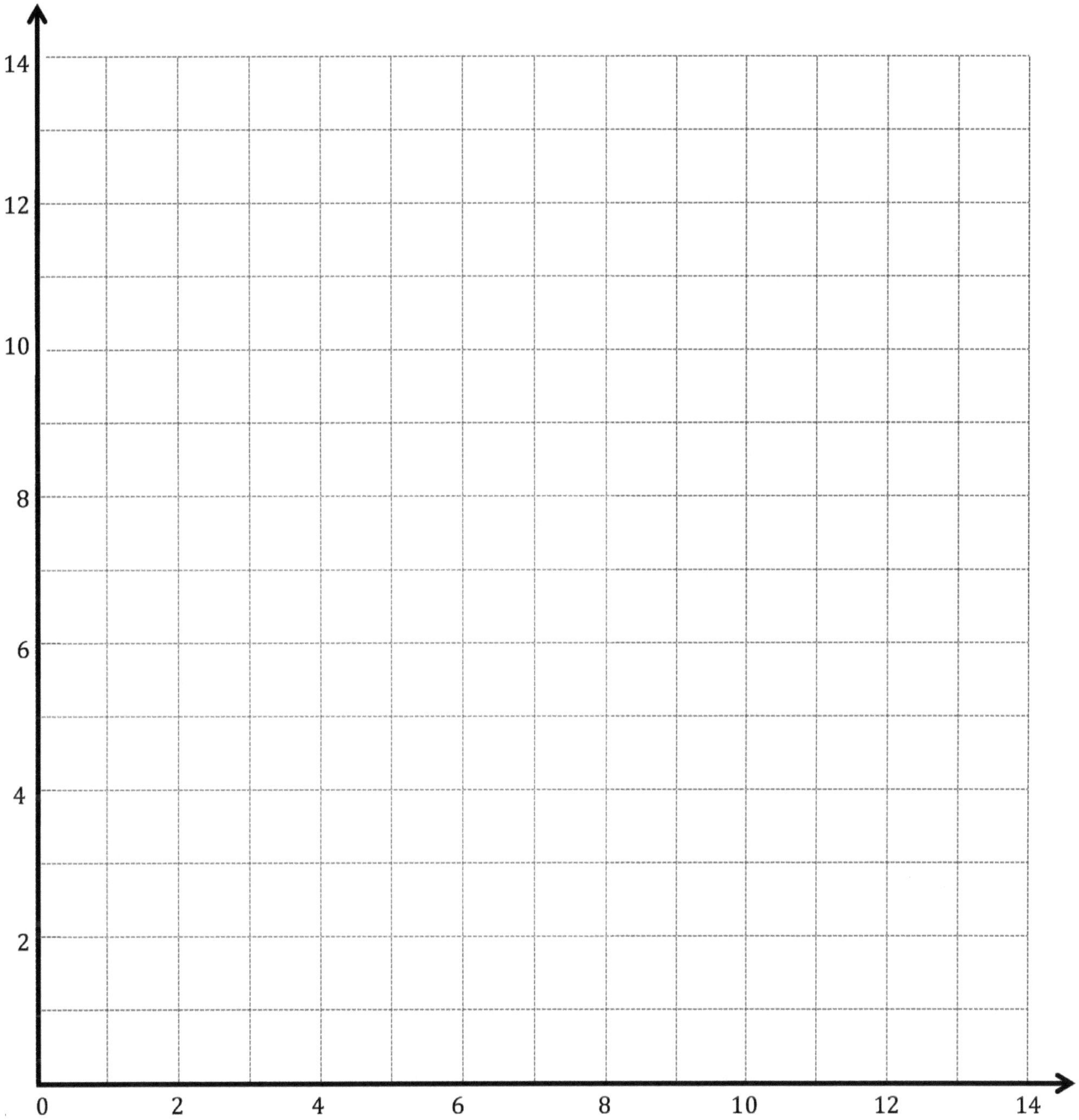

UNE HISTOIRE D'UNITÉS **Leçon 8 Modèle** 5•6

Ligne a :		
x	y	(x, y)

Ligne b :		
x	y	(x, y)

Ligne c :		
x	y	(x, y)

avion coordonné

Leçon 8 : Générez un modèle numérique à partir d'une règle donnée et tracez les points.

Maggie a dépensé $46.20 pour acheter des taille-crayons pour sa boutique de cadeaux. Si chaque taille-crayon coûte 60 cents, combien de taille-crayons a-t-elle achetés ? Résous en utilisant l'algorithme standard.

Lire   **Dessiner**   **Écrire**

Nom _____ Date _____

1. Complétez le tableau pour les règles données.

    Ligne a

    Règle : y est 1 de plus que x

x	y	(x, y)
1		
5		
9		
13		

    Ligne b

    Règle : y est 4 de plus que x

x	y	(x, y)
0		
5		
8		
11		

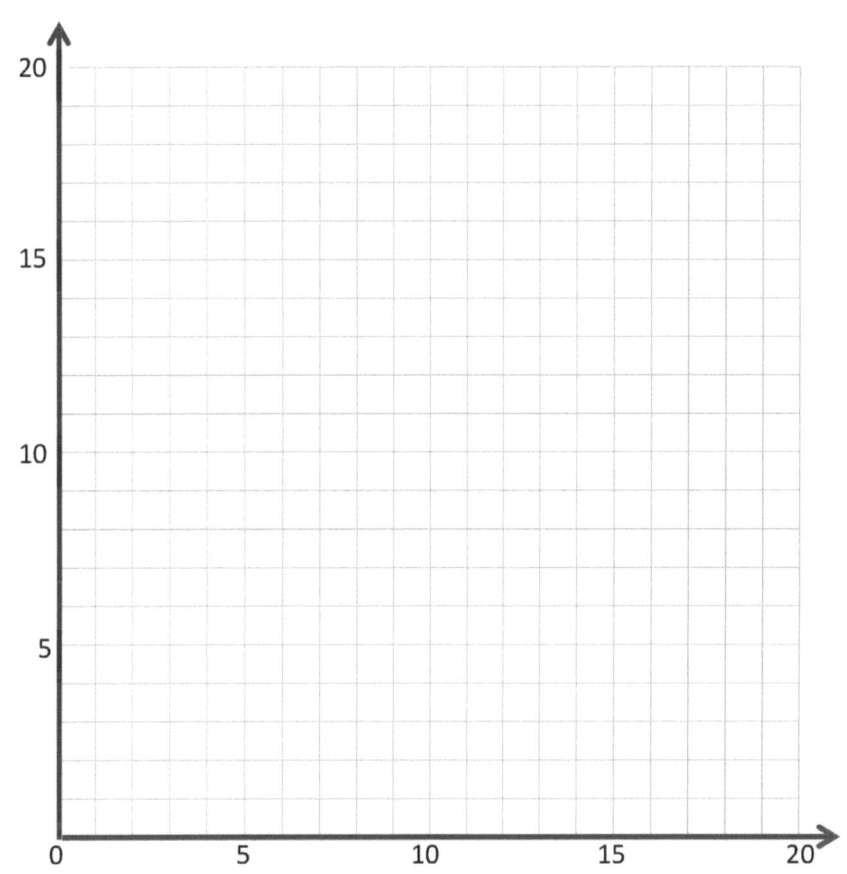

   a. Construisez chaque ligne sur le plan de coordonnées ci-dessus.

   b. Comparez et contrastez ces lignes.

   c. En vous basant sur les motifs que vous voyez, prédisez quelle ligne c, dont la règle est y est 7 de plus que x, ressemblerait. Dessinez votre prédiction dans le plan ci-dessus.

Leçon 9 : Générez deux modèles de nombres à partir de règles données, tracez les points et analyser les modèles.

2. Complétez le tableau pour les règles données.

Ligne *e*

Règle : y est deux fois plus que X

x	y	(x, y)
0		
2		
5		
9		

Ligne *f*

Règle : y est la moitié autant que x

x	y	(x, y)
0		
6		
10		
20		

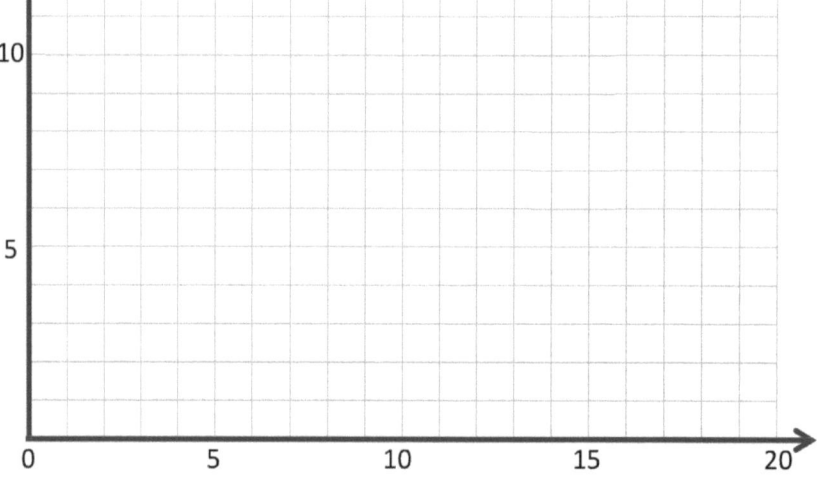

a. Construisez chaque ligne sur le plan de coordonnées ci-dessus.

b. Comparez et contrastez ces lignes.

c. En vous basant sur les motifs que vous voyez, prédisez quelle ligne *g*, dont la règle est *y est 4 fois plus que x*, ressemblerait. Dessinez votre prédiction dans le plan ci-dessus.

Nom _____ Date _____

Complétez le tableau pour les règles données. Ensuite, construisez des lignes ℓ et m sur le plan de coordonnées.

Line ℓ

Règle : y est 5 de plus que x

x	y	(x, y)
0		
1		
2		
4		

Ligne m

Règle : y est 5 fois plus que x

x	y	(x, y)
0		
1		
2		
4		

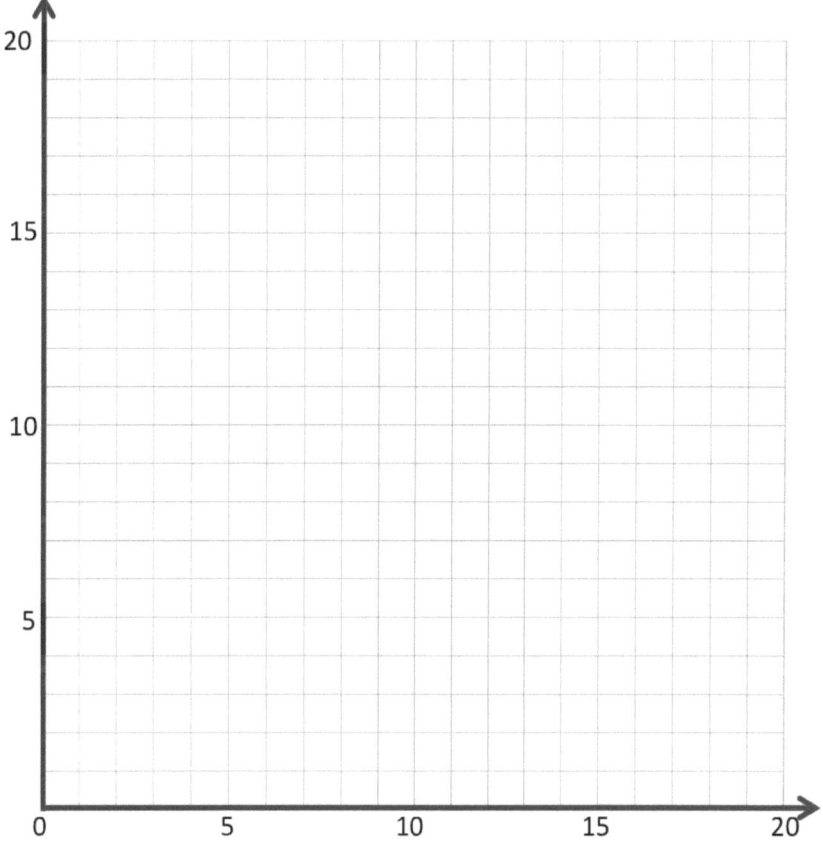

Leçon 9 : Générez deux modèles de nombres à partir de règles données, tracez les points et analyser les modèles.

Ligne ℓ

Règle : y est 2 de plus que x

x	y	(x, y)
1		
5		
10		
15		

Ligne m

Règle : y est 5 de plus que x

x	y	(x, y)
0		
5		
10		
15		

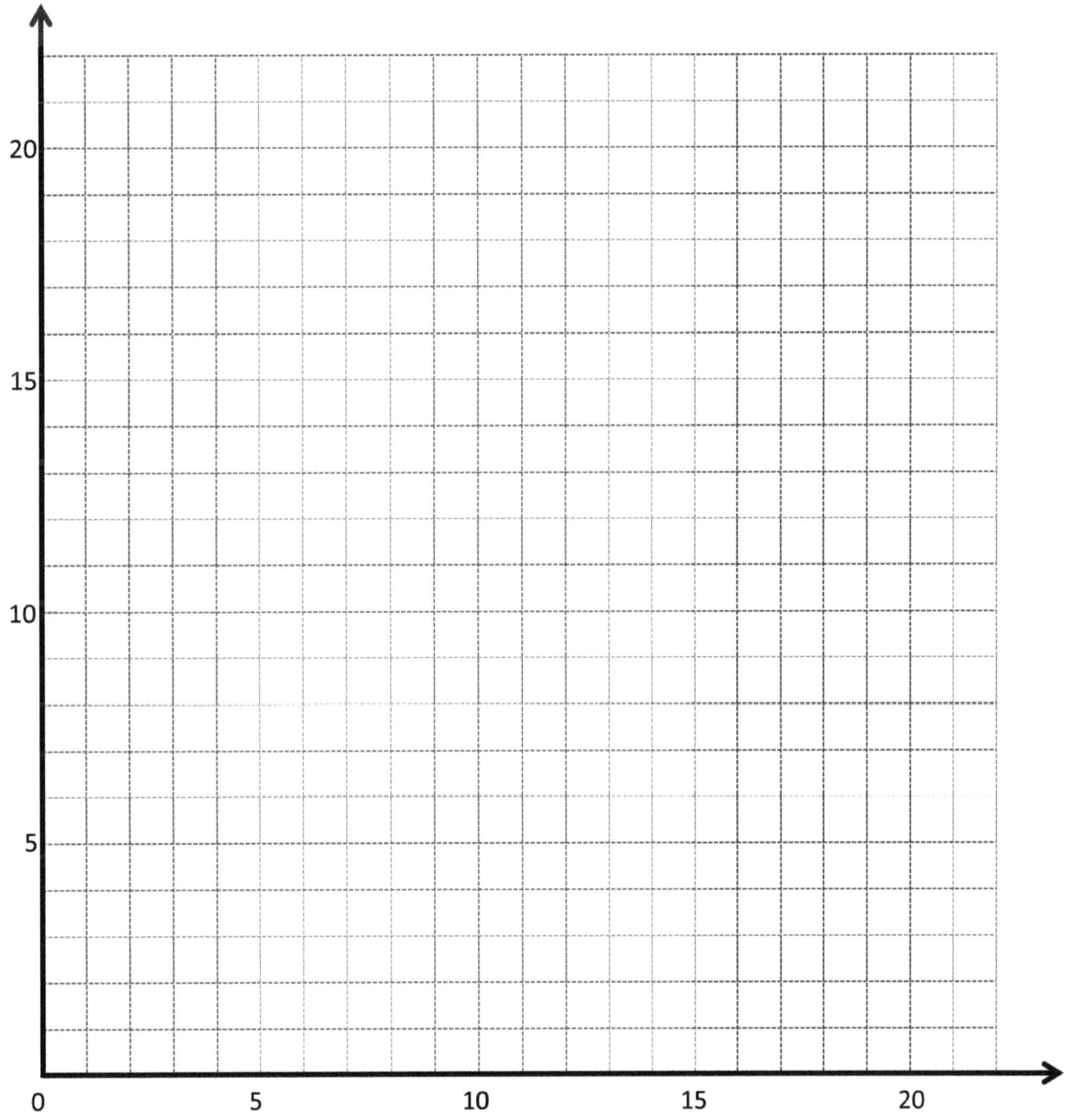

avion coordonné

Leçon 9 : Générez deux modèles de nombres à partir de règles données, tracez les points et analyser les modèles.

Ligne p

Règle : *y est x fois 2*

x	y	(x, y)

Ligne q

Règle : *y est x fois 3*

x	y	(x, y)

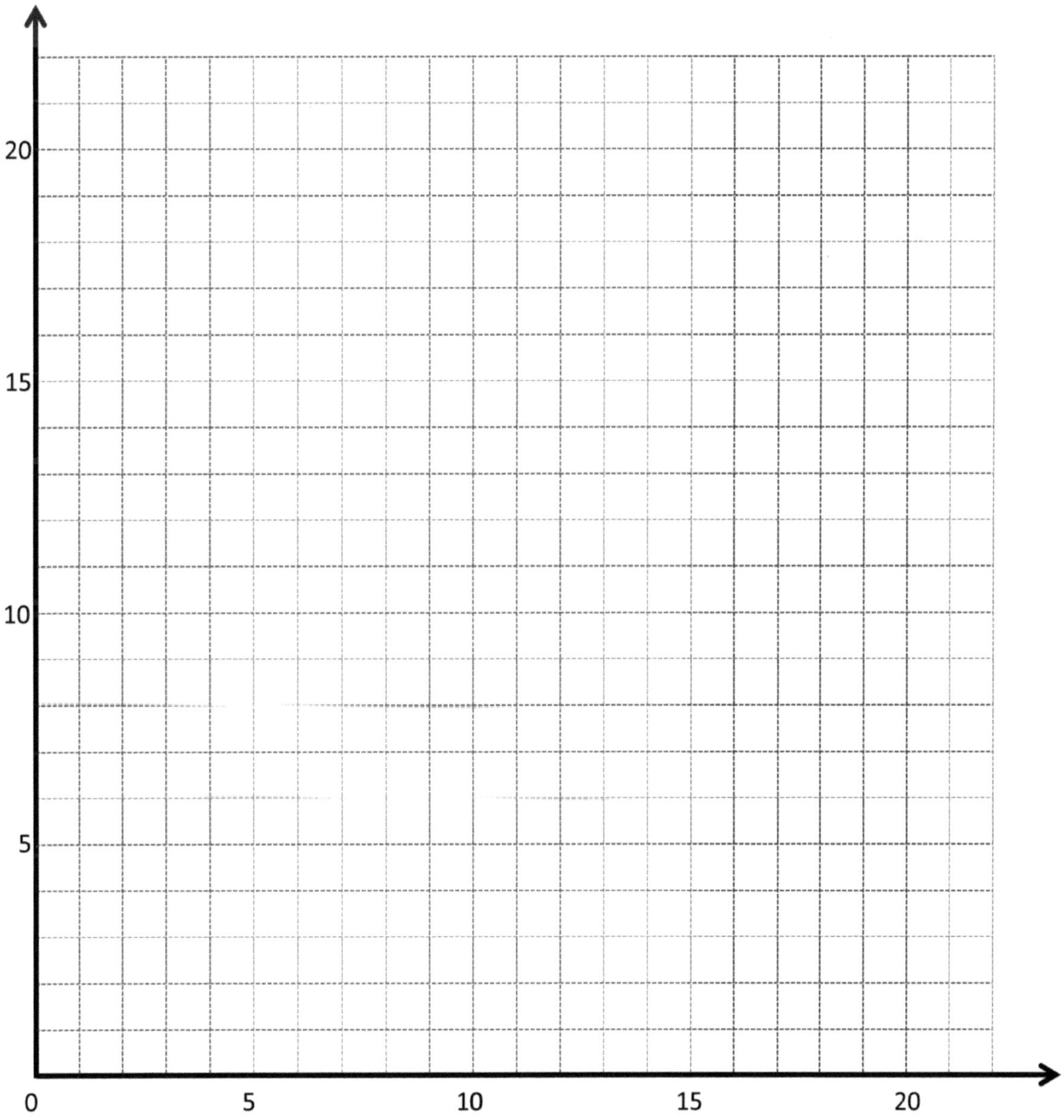

avion coordonné

Une équipe de relais de 12 hommes court une course de 45 km. Chaque membre de l'équipe parcourt une distance égale. Combien de kilomètres parcourent chaque membre de l'équipe ? Un tour de piste fait 0.75 km. Combien de tours chaque membre de l'équipe fait-il pendant la course ?

_____

_____

_____

Lire   Dessiner   Écrire

Leçon 10 :   Comparez les lignes et les motifs générés par les règles d'addition et les règles multiplicatives.

Nom _____ Date _____

1. Utilisez le plan de coordonnées ci-dessous pour effectuer les tâches suivantes.

    a. Ligne p représente la règle *x et y sont égaux*.

    b. Construisez une ligne, d, qui est parallèle à la ligne p et contient un point D.

    c. Nommez 3 paires de coordonnées en ligne d.

    d. Identifier une règle pour décrire la ligne d.

    e. Construisez une ligne, e, qui est parallèle à la ligne p et contient un point E.

    f. Nommez 3 points en ligne e.

    g. Identifier une règle pour décrire la ligne e.

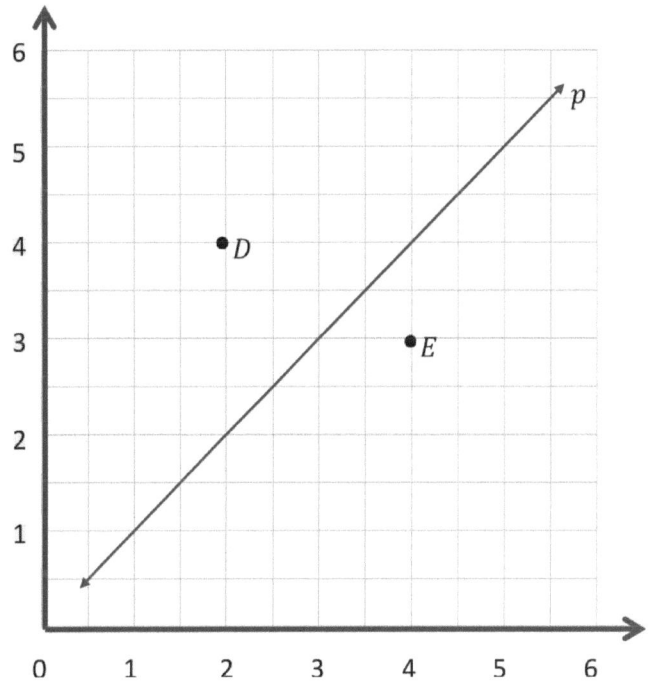

    h. Comparer et contraster les lignes d et e en termes de rapport à la ligne p.

2. Écrivez une règle pour une quatrième ligne qui serait parallèle à celles ci-dessus et contiendrait le point ($3\frac{1}{2}$, 6). Explique comment tu le sais.

3. Utilisez le plan de coordonnées ci-dessous pour effectuer les tâches suivantes.

   a. Ligne p représente la règle *x et y sont égaux*.

   b. Construisez une ligne, v, qui contient le origine et point V.

   c. Nommez 3 points en ligne v.

   d. Identifier une règle pour décrire la ligne v.

   e. Construisez une ligne, w, qui contient le origine et point W.

   f. Nommez 3 points en ligne w.

   g. Identifier une règle pour décrire la ligne w.

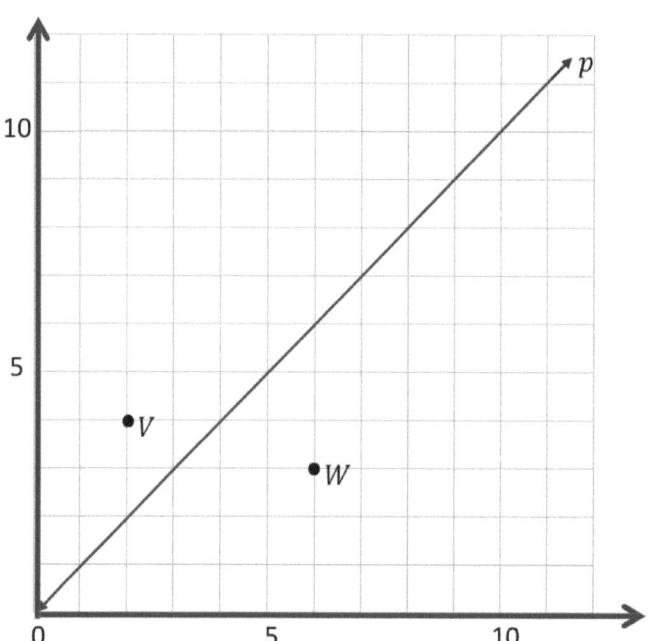

   h. Comparer et contraster les lignes v et w en termes de rapport à la ligne p.

   i. Quels modèles voyez-vous dans les lignes générées par des règles de multiplication ?

4. Entourez les règles qui génèrent des lignes parallèles les unes aux autres.

   ajouter 5 à x   *multiplier x par $\frac{2}{3}$*   *x plus $\frac{1}{2}$*   *x fois $1\frac{1}{2}$*

Nom _____   Date _____

Utilisez le plan de coordonnées ci-dessous pour effectuer les tâches suivantes.

a. Ligne p représente la règle *x et y sont égaux.*

b. Construisez une ligne, a, qui est parallèle à la ligne p et contient un point A.

c. Nommez 3 points en ligne a.

d. Identifier une règle pour décrire la ligne a.

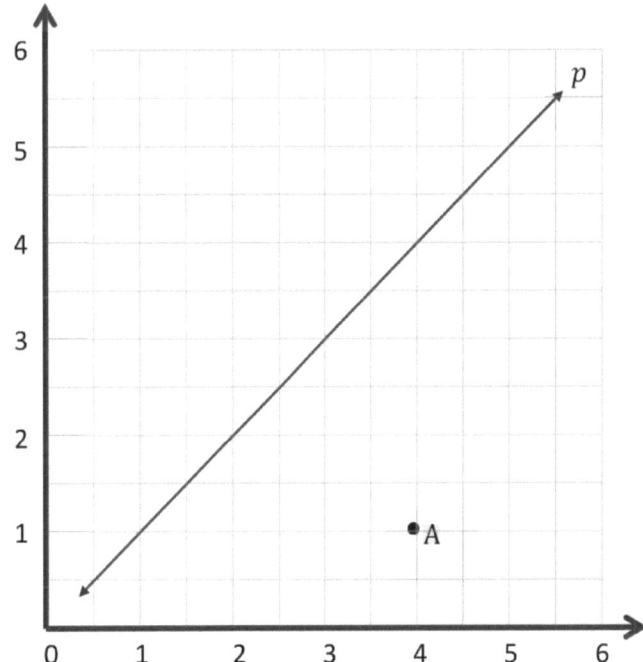

Leçon 10 : Comparez les lignes et les motifs générés par les règles d'addition et les règles multiplicatives.

Ligne p

Règle : y est 0 de plus que x

x	y	(x, y)
0		
5		
10		
15		

Ligne b

Règle : _____

x	y	(x, y)
7		
10		
13		
18		

Ligne c

Règle : _____

x	y	(x, y)
2		
4		
8		
11		

Ligne d

Règle : _____

x	y	(x, y)
5		
7		
12		
15		

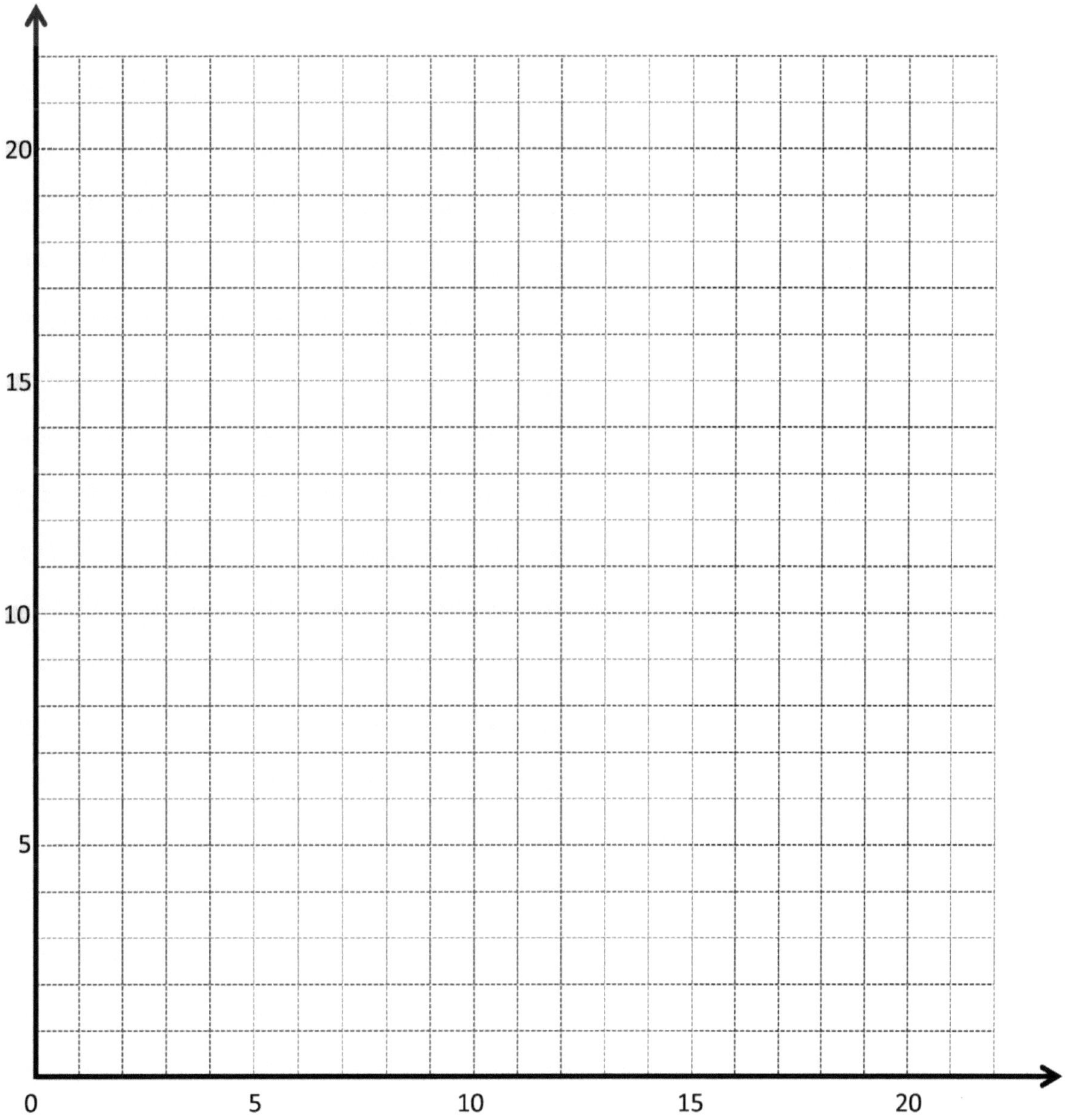

avion coordonné

UNE HISTOIRE D'UNITÉS

Leçon 10 Modèle 5•6

Ligne g Règle : _____

x	y	(x, y)
1		
2		
5		
7		

Ligne h Règle : _____

x	y	(x, y)
3		
6		
12		
15		

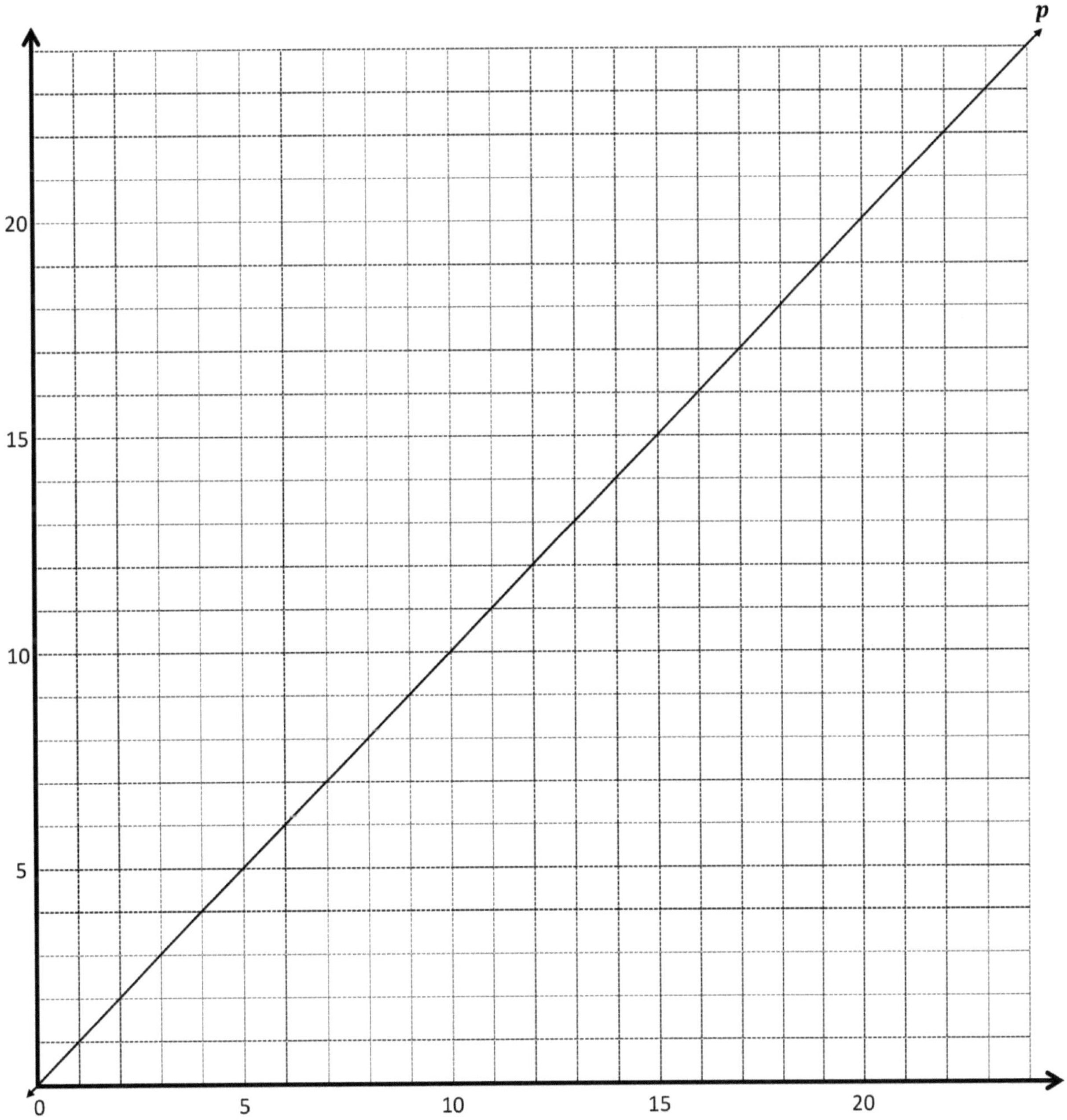

avion coordonné

Leçon 10 : Comparez les lignes et les motifs générés par les règles d'addition et les règles multiplicatives.

UNE HISTOIRE D'UNITÉS — Leçon 11 Problème d'application 5•6

Michelle a 3 kg de fraises qu'elle a divisé également en petits sacs avec 15 kg dans chaque sac.

a. Combien de sacs de fraises a-t-elle fabriqués ?

b. Elle a donné un sac à son amie, Sarah. Sarah a mangé la moitié de ses fraises. Combien de grammes de bernes de paille reste-t-il à Sarah ?

Lire   Dessiner   Écrire

Leçon 11 : Analysez les modèles de nombres créés à partir d'opérations mixtes.

Nom _____ Date _____

1. Complétez les tableaux pour les règles données.

Line ℓ

Règle : Double x

x	y	(x, y)
0		
1		
2		
3		

Ligne m

Règle : Double X, puis ajouter 1

x	y	(x, y)
0		
1		
2		
3		

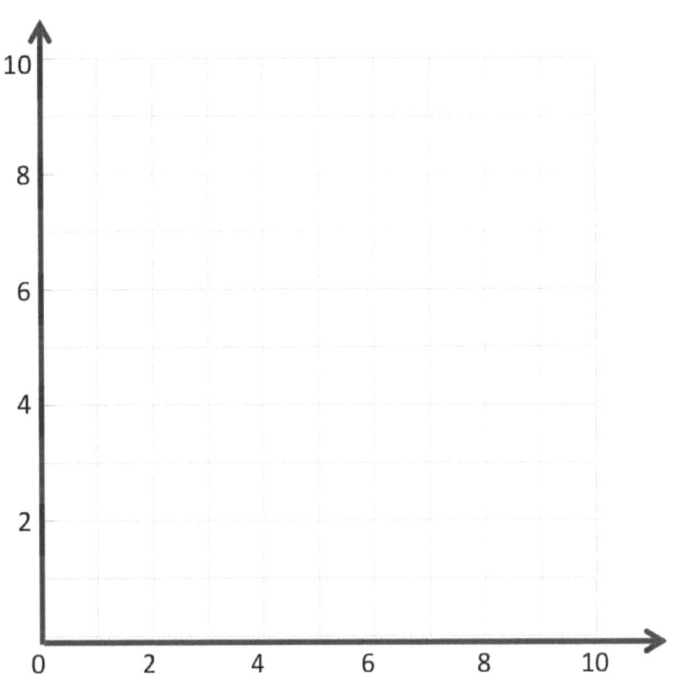

a. Tracez chaque ligne sur le plan de coordonnées ci-dessus.

b. Comparez et contrastez ces lignes.

c. En fonction des modèles que vous voyez, prédisez la ligne de la règle *double X, puis soustrayez 1* ressemblerait. Tracez la ligne sur le plan ci-dessus.

2. Entourez le (s) point (s) que la ligne de la règle *multiplier X par $\frac{1}{3}$, puis ajoutez 1* contiendrait.

   $(0, \frac{1}{3})$ $(2, 1\frac{2}{3})$ $(1\frac{1}{2}, 1\frac{1}{2})$ $(2\frac{1}{4}, 2\frac{1}{4})$

   a. Explique comment tu le sais.

   b. Donnez deux autres points qui tombent sur cette ligne.

Leçon 11 : Analysez les modèles de nombres créés à partir d'opérations mixtes.

3. Complétez les tableaux pour les règles données.

Line ℓ

Règle : *Réduire de moitié X*

x	y	(x, y)
0		
1		
2		
3		

Ligne m

Règle : *Réduire de moitié X, puis ajouter $1\frac{1}{2}$*

x	y	(x, y)
0		
1		
2		
3		

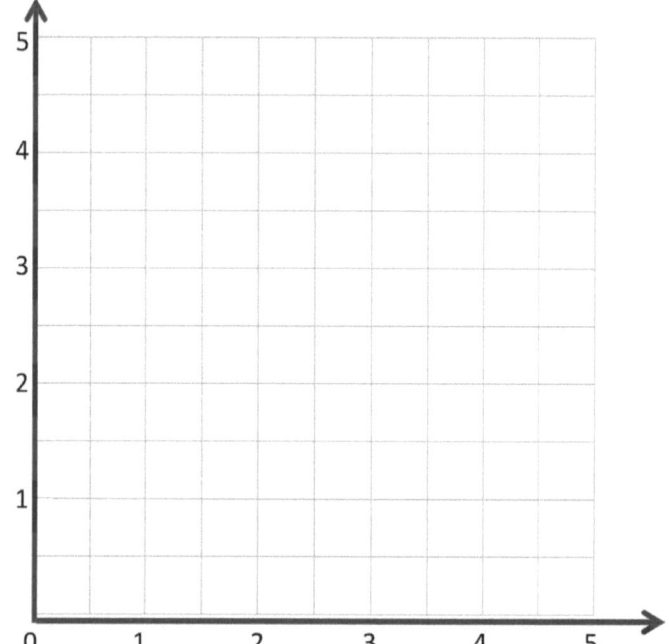

a. Tracez chaque ligne sur le plan de coordonnées ci-dessus.

b. Comparez et contrastez ces lignes.

c. En fonction des modèles que vous voyez, prédisez la ligne de la règle *réduire de moitié X, puis soustrayez 1* ressemblerait. Tracez la ligne sur le plan ci-dessus.

4. Entourez le (s) point (s) que la ligne de la règle *multiplier X par $\frac{2}{3}$, puis soustrayez 1* contiendrait.

$(1\frac{1}{3}, \frac{1}{9})$ $(2, \frac{1}{3})$ $(1\frac{3}{2}, 1\frac{1}{2})$ $(3, 1)$

a. Explique comment tu le sais.

b. Donnez deux autres points qui tombent sur cette ligne.

Nom _____ Date _____

1. Complétez les tableaux pour les règles données.

Line ℓ

Règle : *Tripler x*

x	y	(x, y)
0		
1		
2		
3		

Ligne *m*

Règle : *Tripler x, puis ajouter 1*

x	y	(x, y)
0		
1		
2		
3		

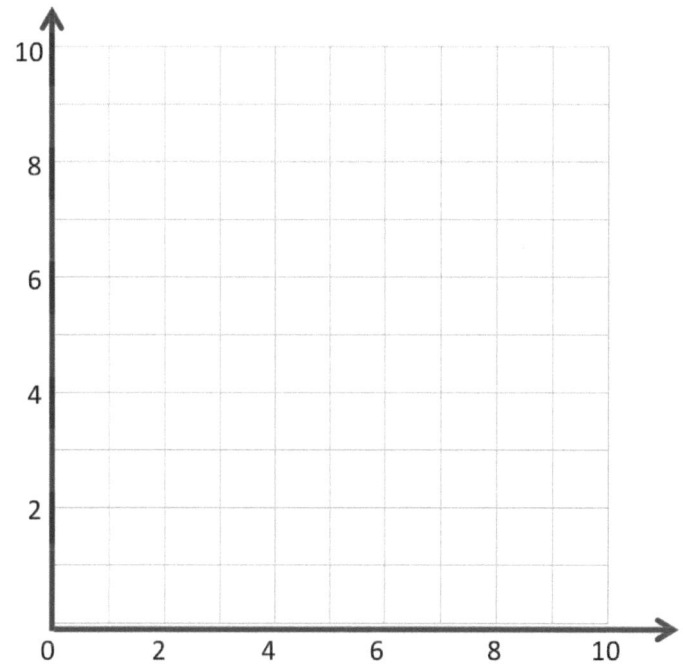

a. Tracez chaque ligne sur le plan de coordonnées ci-dessus.

b. Comparez et contrastez ces lignes.

3. Entourez le (s) point (s) que la ligne de la règle *multiplier x par* $\frac{1}{3}$, *puis ajoutez 1* contiendrait.

(0, $\frac{1}{2}$)   (1, $1\frac{1}{3}$)   (2, $1\frac{2}{3}$)   (3, $2\frac{1}{2}$)

Leçon 11 : Analysez les modèles de nombres créés à partir d'opérations mixtes.

Ligne ℓ

Règle : *Tripler x*

x	y	(x, y)
0		
1		
2		
4		

Ligne m

Règle : *Tripler x, puis ajoutez 3*

x	y	(x, y)
0		
1		
2		
3		

Ligne n

Règle : *Tripler x, puis soustraire 2*

x	y	(x, y)
1		
2		
3		
4		

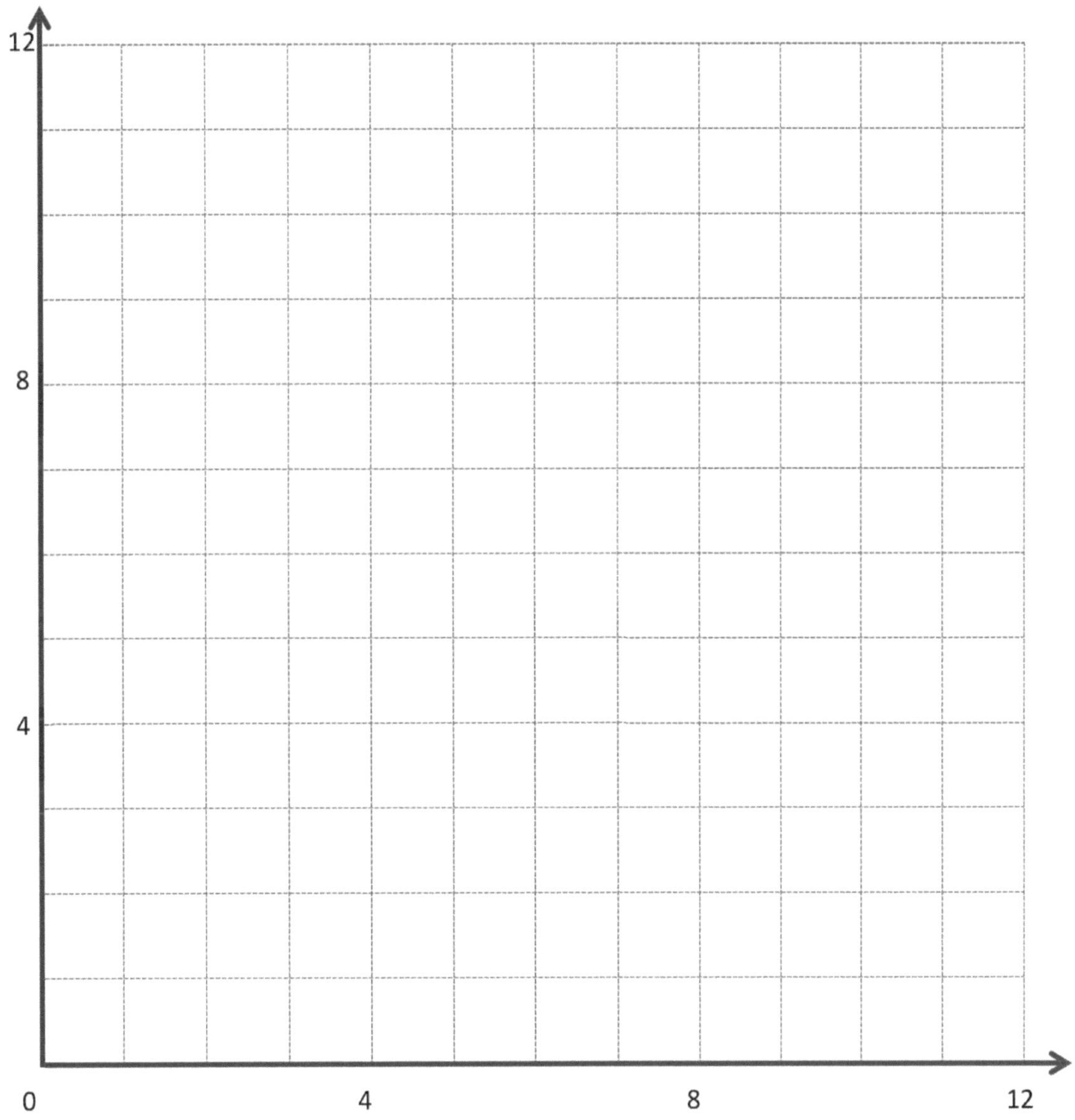

avion coordonné

Leçon 11 : Analysez les modèles de nombres créés à partir d'opérations mixtes.

M. Jones avait 640 livres. Il a vendu $\frac{1}{4}$ d'entre eux pour $2.00 chacun au mois de septembre. Il a vendu la moitié des livres restants en octobre. Chaque livre qu'il a vendu en octobre a gagné $\frac{3}{4}$ de ce que chaque livre a vendu en septembre. Combien d'argent M. Jones a-t-il gagné en vendant des livres ? Montrez votre réflexion avec un diagramme sur bande.

_____

_____

_____

Lire   **Dessiner**   **Écrire**

Leçon 12 :   Créez une règle pour générer un modèle numérique et tracez les points.

Nom _____ Date _____

1. Écrivez une règle pour la ligne qui contient les points $(0, \frac{3}{4})$ et $(2\frac{1}{2}, 3\frac{1}{4})$.

   a. Identifiez 2 autres points sur cette ligne. Tracez la ligne sur la grille ci-dessous.

Point	x	y	(x, y)
B			
C			

   b. Écrivez une règle pour une ligne parallèle à $\overline{BC}$ et passe par point $(1, \frac{1}{4})$.

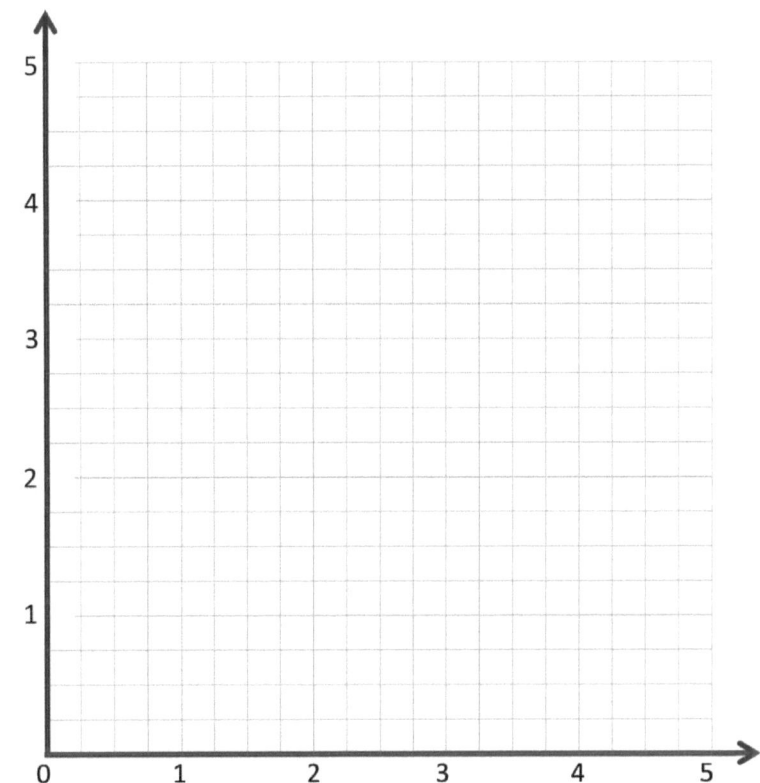

2. Créez une règle pour la ligne qui contient les points $(1, \frac{1}{4})$ et $(3, \frac{3}{4})$.

   a. Identifiez 2 autres points à ce sujet ligne. Tracez la ligne sur la grille sur la droite.

Point	x	y	(x, y)
G			
H			

   b. Écrivez une règle pour une ligne qui passe par l'origine et se situe entre $\overline{BC}$ et $\overline{GH}$.

Leçon 12 : Créez une règle pour générer un modèle numérique et tracez les points.

3. Créez une règle pour une ligne contenant le point ($\frac{1}{4}$, $1\frac{1}{4}$) en utilisant l'opération ou la description ci-dessous. Ensuite, nommez 2 autres points qui tomberaient sur chaque ligne.

   a. Ajout : _____

Point	x	y	(x, y)
T			
U			

   b. Une ligne parallèle à la x-axe : _____

Point	x	y	(x, y)
G			
H			

   c. Multiplication : _____

Point	x	y	(x, y)
A			
B			

   d. Une ligne parallèle to le y-axe : _____

Point	x	y	(x, y)
V			
W			

   e. Multiplication avec addition : _____

Point	x	y	(x, y)
R			
S			

4. Mme Boyd a demandé à ses élèves de donner un règle qui pourrait décrire une ligne qui contient le point (0.6, 1.8). Avi a dit la règle pourrait être *multiplier x par 3*. Ezra prétend que cela pourrait être une ligne verticale, et la règle pourrait être *x vaut toujours 0.6*. Erik pense que la règle pourrait être *ajouter 1.2 à x*. Mme Boyd dit que toutes les lignes décrivent pourrait décrire une ligne qui contient le point qu'elle a donné. Explique comment c'est possible, et tracez les lignes sur le plan de coordonnées pour soutenir votre réponse.

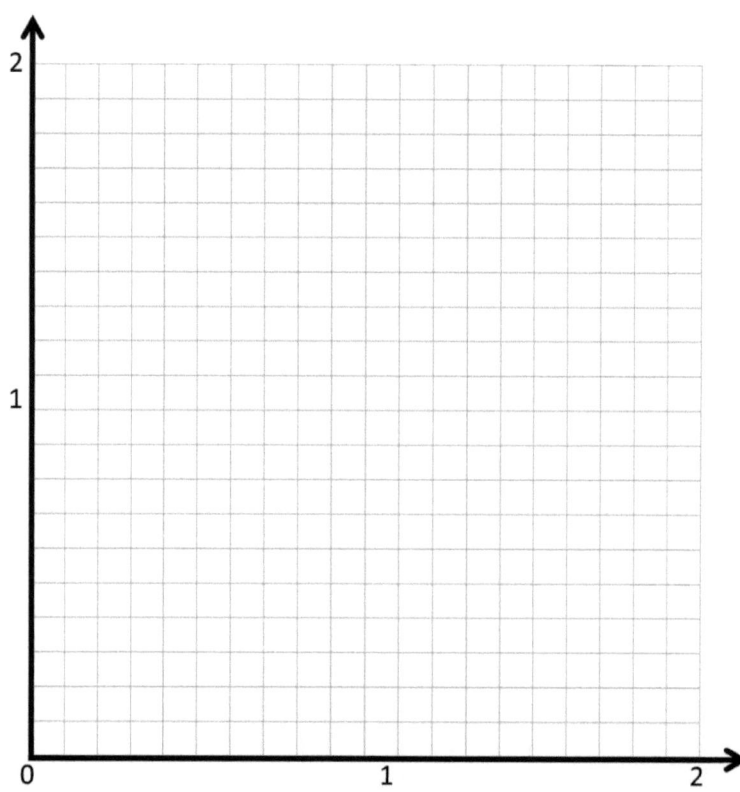

Extension :

5. Créez une règle d'opération mixte pour la ligne contenant les points (0, 1) et (1, 3).

   a. Identifiez 2 autres points, O et P, sur cette ligne. Tracez la ligne sur le la grille.

Point	x	y	(x, y)
O			
P			

   b. Écrivez une règle pour une ligne parallèle à $\overline{OP}$ et passe par point $(1, 2\frac{1}{2})$.

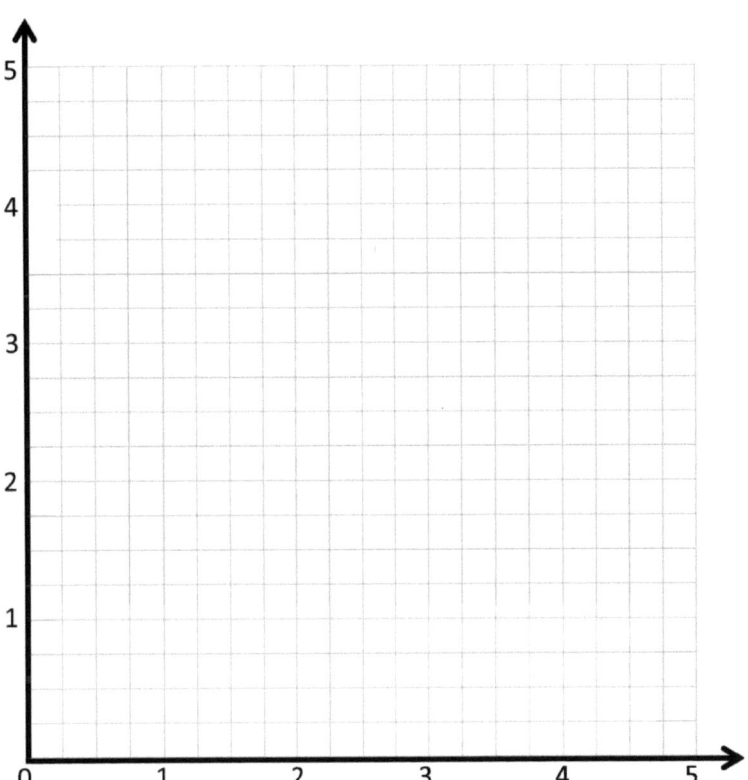

Nom _____ Date _____

Écrivez la règle pour la ligne qui contient les points (0, $1\frac{1}{2}$) et ($1\frac{1}{2}$, 3).

a. Identifiez 2 autres points sur cette ligne. Tracez la ligne sur la grille.

Point	x	y	(x, y)
B			
C			

b. Écrivez une règle pour une ligne parallèle à $\overline{BC}$ et passe par $(1, \frac{1}{2})$.

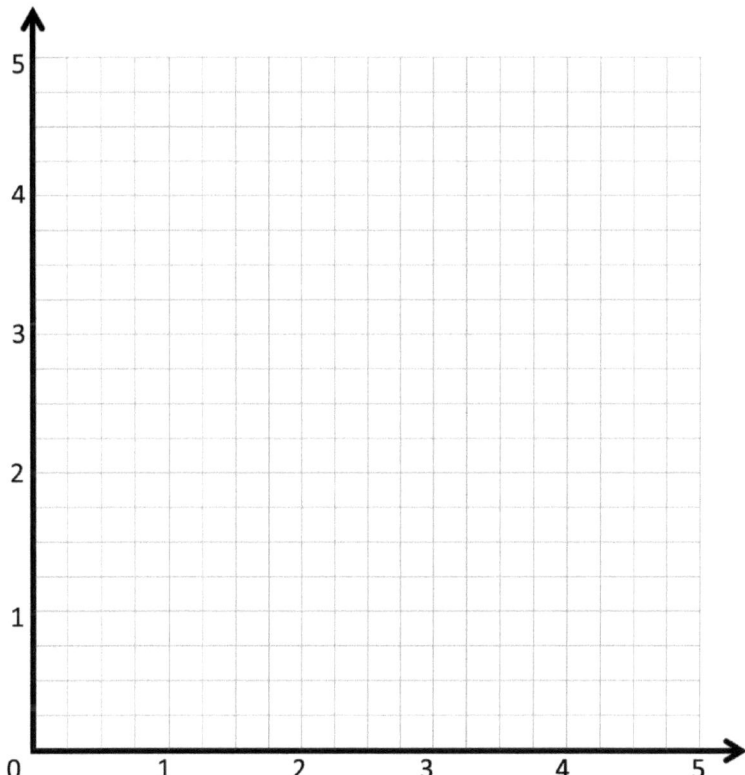

Ligne l

Règle : _____

Point	x	y	(x, y)
A	$1\frac{1}{2}$	3	$(1\frac{1}{2}, 3)$
B			
C			
D			

Ligne m

Règle : _____

Point	x	y	(x, y)
A			
E			
F			
G			

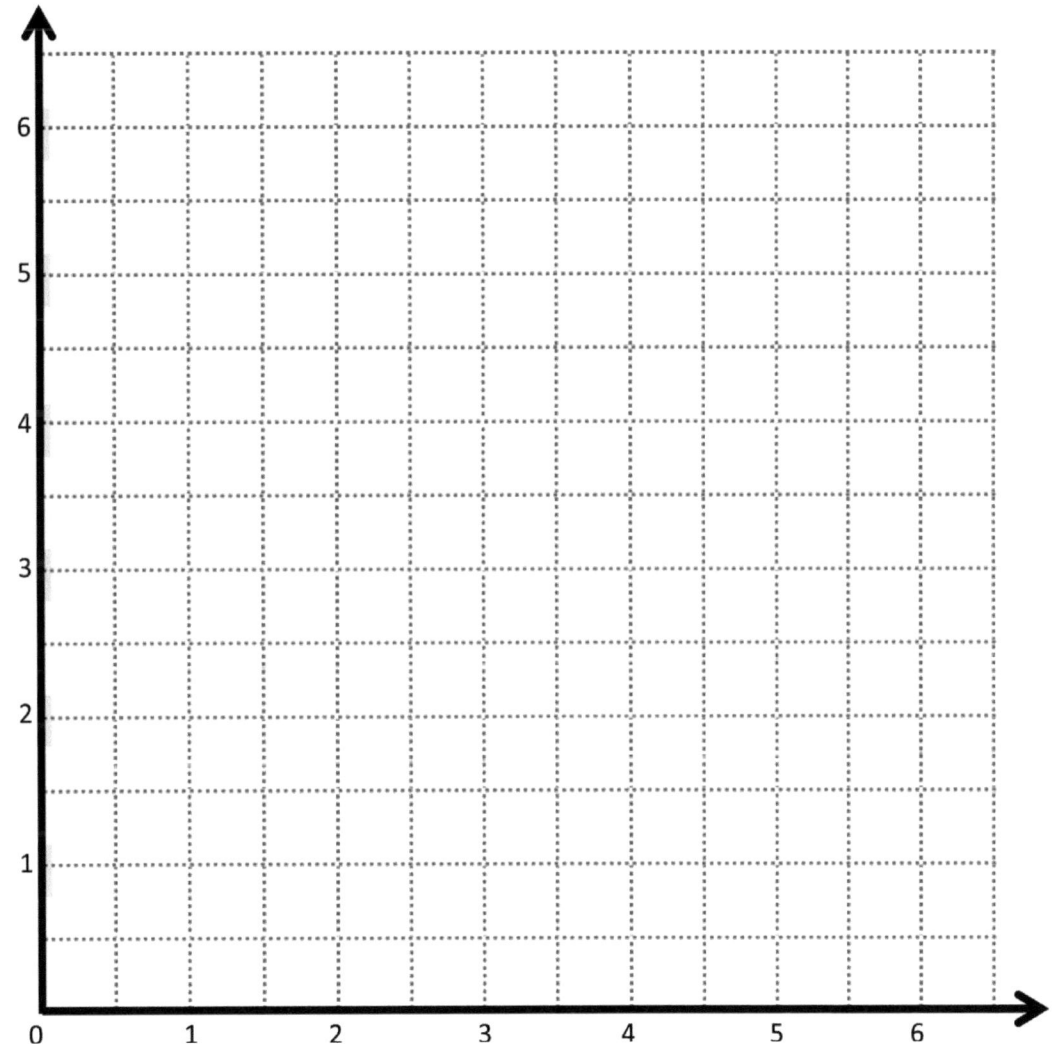

avion coordonné

Leçon 12 : Créez une règle pour générer un modèle numérique et tracez les points.

Nom _____ Date _____

1. Utilisez un gabarit à angle droit et une règle pour dessiner au moins quatre ensembles de lignes parallèles dans l'espace ci-dessous.

2. Entourez les segments parallèles.

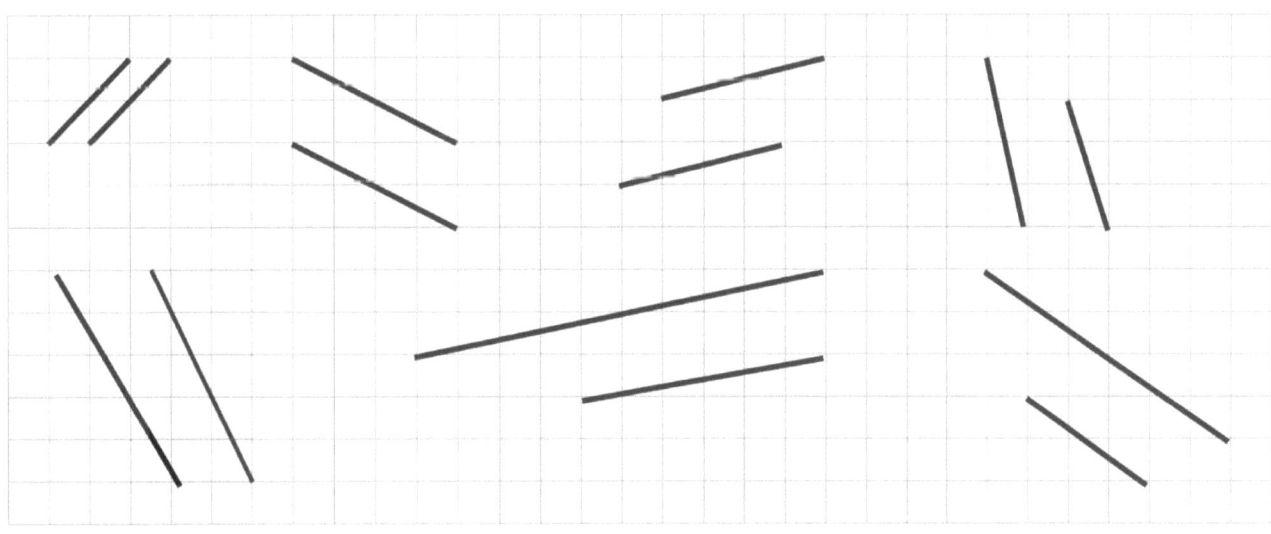

Leçon 13 : Construisez des segments de ligne parallèles sur une grille rectangulaire.

3. Utilisez votre règle pour dessiner un segment parallèle à chaque segment passant par le point donné.

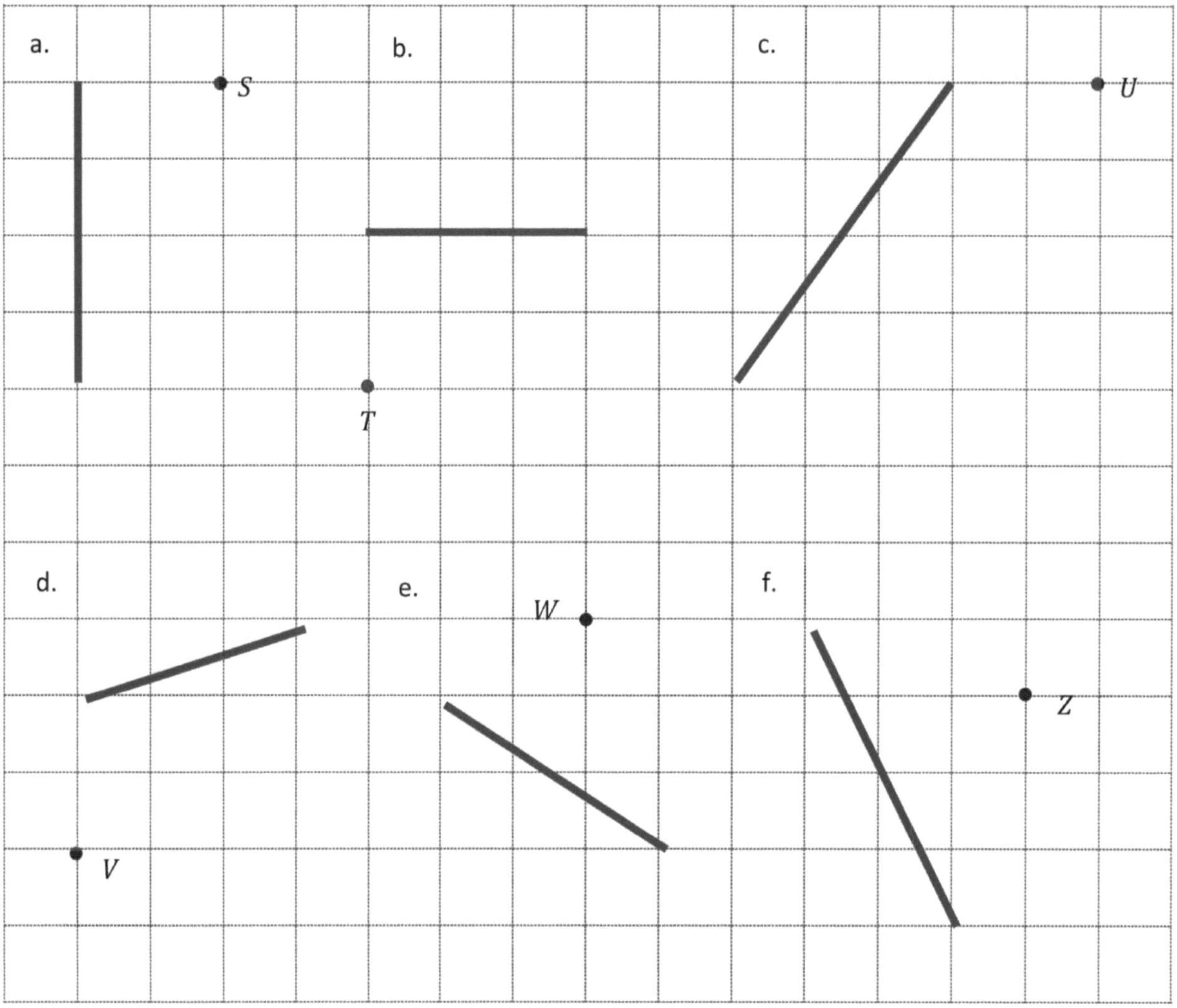

a.

b.

c.

d.

e.

f.

4. Tracez 2 lignes différentes parallèles à la ligne ℓ.

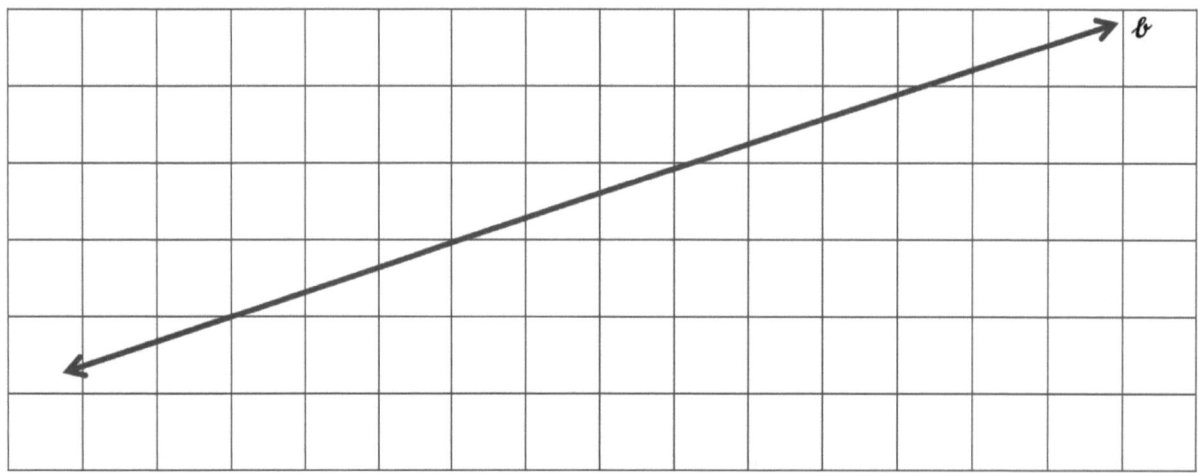

UNE HISTOIRE D'UNITÉS　　　　Leçon 13 Ticket de sortie　5•6

Nom _____　Date _____

Utilisez votre règle pour dessiner un segment parallèle à chaque segment passant par le point donné.

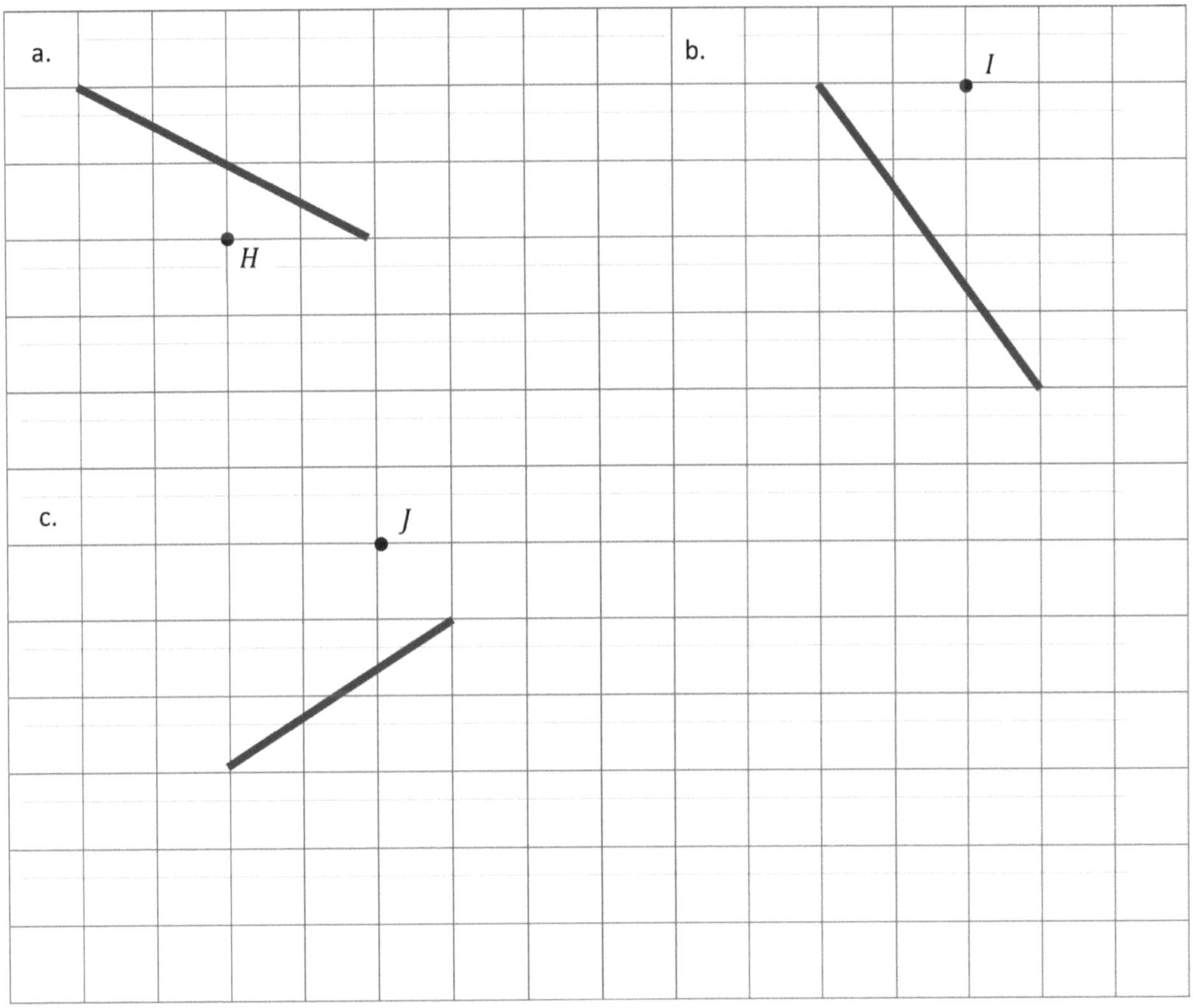

a.

b.

c.

Leçon 13 : Construisez des segments de ligne parallèles sur une grille rectangulaire.

113

UNE HISTOIRE D'UNITÉS   Leçon 13 Modèle 1   5•6

rectangles

Leçon 13 :   Construisez des segments de ligne parallèles sur une grille rectangulaire.

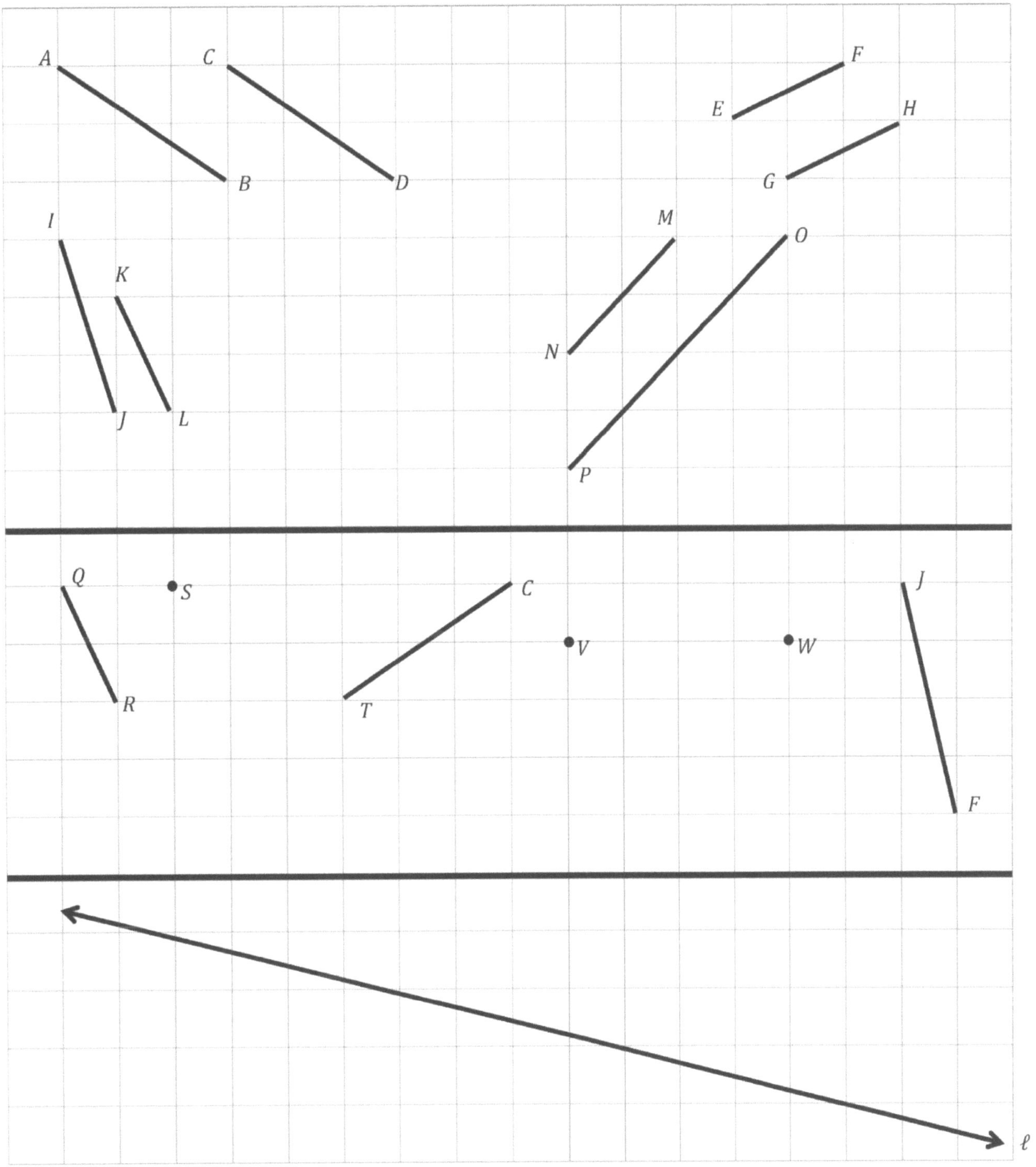

UNE HISTOIRE D'UNITÉS

Leçon 13 Modèle 2 5•6

feuille d'enregistrement

Leçon 13 : Construisez des segments de ligne parallèles sur une grille rectangulaire.

L'aquarium de Drew mesure 32 cm sur 22 cm sur 26 cm. Il y verse 20 litres d'eau, et certains l'eau déborde du réservoir. Trouvez le volume d'eau, en millilitres, qui déborde.

Lire   **Dessiner**   **Écrire**

Leçon 14 : Construisez des segments de ligne parallèles et analysez les relations des paires de coordonnées.

Nom _____ Date _____

1. Utilisez le plan de coordonnées ci-dessous pour effectuer les tâches suivantes.

   a. Identifiez les emplacements de P et R.   P : (____, ____)   R : (____, ____)
   b. Dessine $\overrightarrow{PR}$.
   c. Tracez les paires de coordonnées suivantes sur le plan.

   S : (6, 7)   T : (11, 9)

   d. Dessine $\overrightarrow{ST}$.
   e. Encerclez la relation entre $\overrightarrow{PR}$ et $\overrightarrow{ST}$. $\overrightarrow{PR} \perp \overrightarrow{ST}$ $\overrightarrow{PR} \parallel \overrightarrow{ST}$

   f. Donnez les coordonnées d'une paire de points, U et V, tel que $\overrightarrow{UV} \parallel \overrightarrow{PR}$.

   U : (____, ____)   V : (____, ____)

   g. Dessine $\overrightarrow{UV}$.

Leçon 14 : Construisez des segments de ligne parallèles et analysez les relations des paires de coordonnées.

2. Utilisez le plan de coordonnées ci-dessous pour effectuer les tâches suivantes.

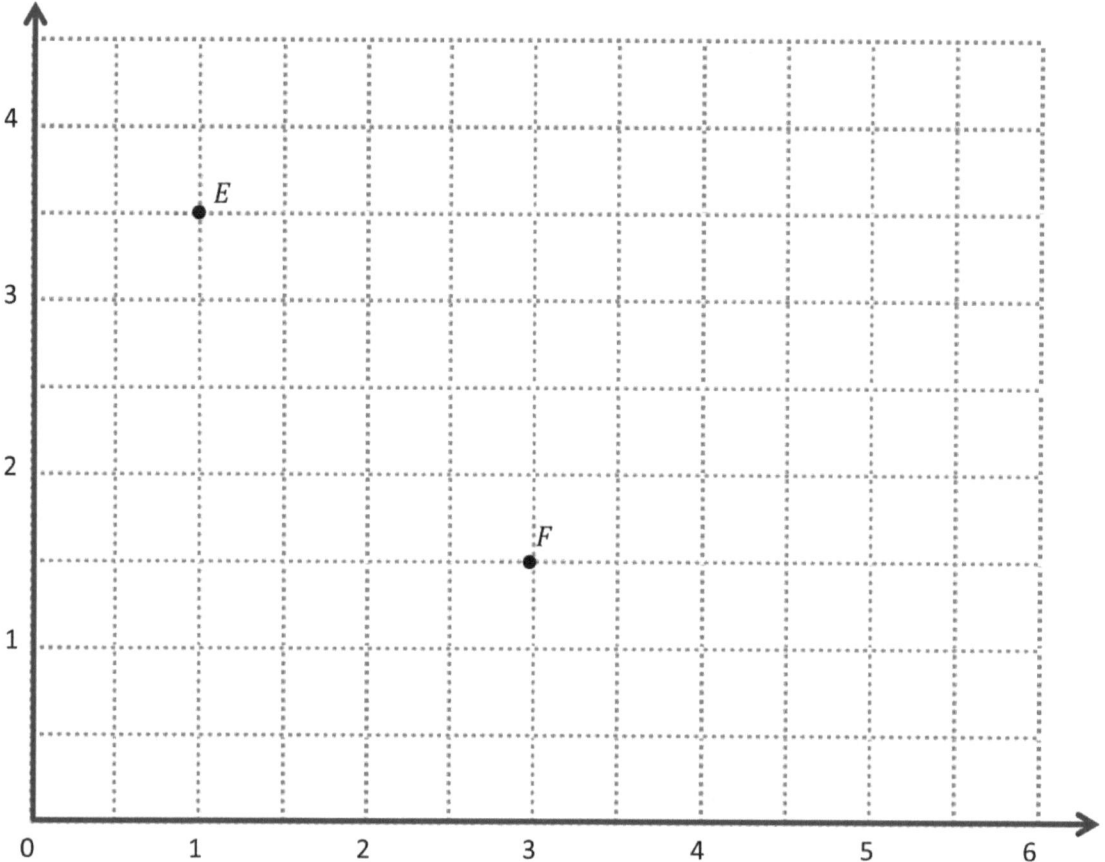

a. Identifiez les emplacements de E et F.   E : (____, ____)   F : (____, ____)

b. Dessine $\overrightarrow{EF}$.

c. Générer des paires de coordonnées pour L et M, tel que $\overrightarrow{EF} \| \overrightarrow{LM}$.

L : (____, ____)   M : (____, ____)

d. Dessine $\overrightarrow{LM}$.

e. Expliquez le modèle que vous avez utilisé lors de la génération de paires de coordonnées pour L et M.

f. Donnez les coordonnées d'un point, H, tel que $\overrightarrow{EF} \| \overrightarrow{GH}$.

G : ($\overrightarrow{EF}$, 4)   H : (____, ____)

g. Expliquez comment vous avez choisi les coordonnées H.

Nom _____   Date _____

Utilisez le plan de coordonnées ci-dessous pour effectuer les tâches suivantes.

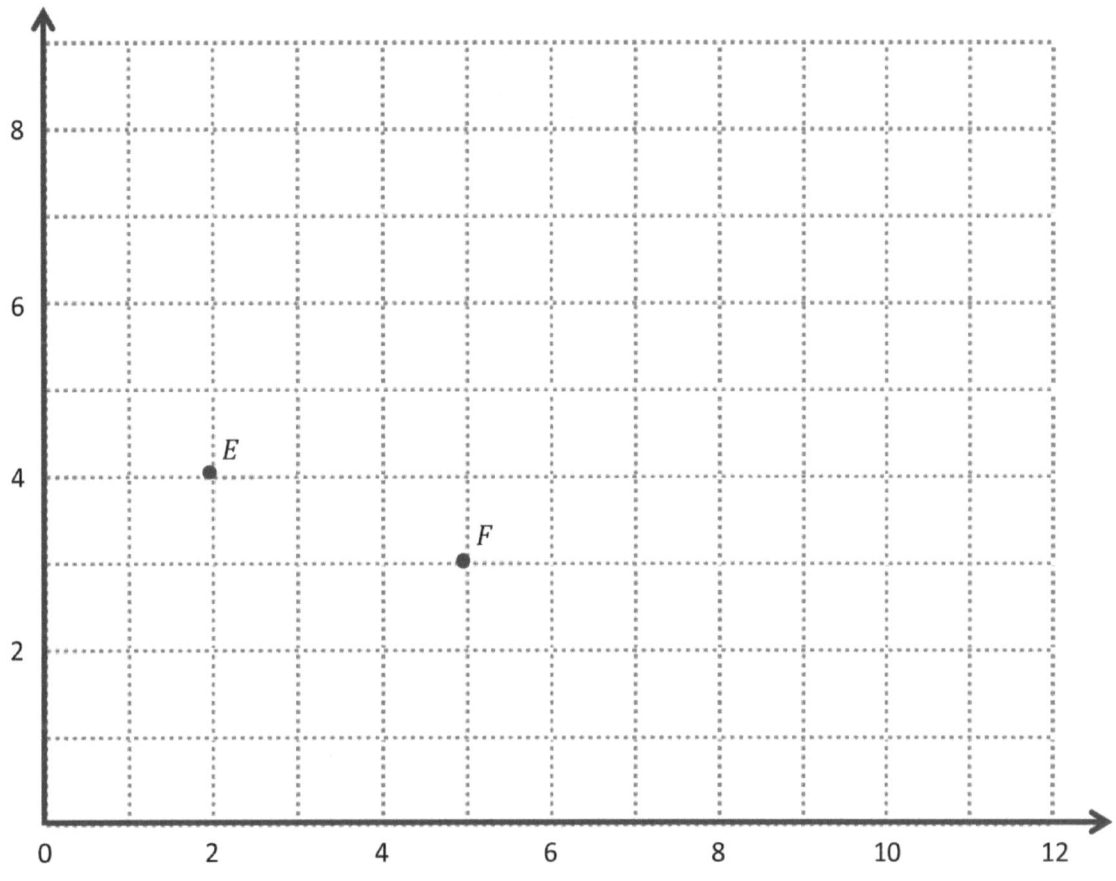

a. Identifiez les emplacements de E et F.   E : (____, ____)   F : (____, ____)

b. $\overrightarrow{EF}$ Dessine.

c. Générer des paires de coordonnées pour L et M, tel que $\overrightarrow{EF} \parallel \overrightarrow{LM}$.

$$L : (\_\_\_, \_\_\_) \qquad M : (\_\_\_, \_\_\_)$$

d. $\overrightarrow{LM}$ Dessine.

UNE HISTOIRE D'UNITÉS   Leçon 14 Modèle   5•6

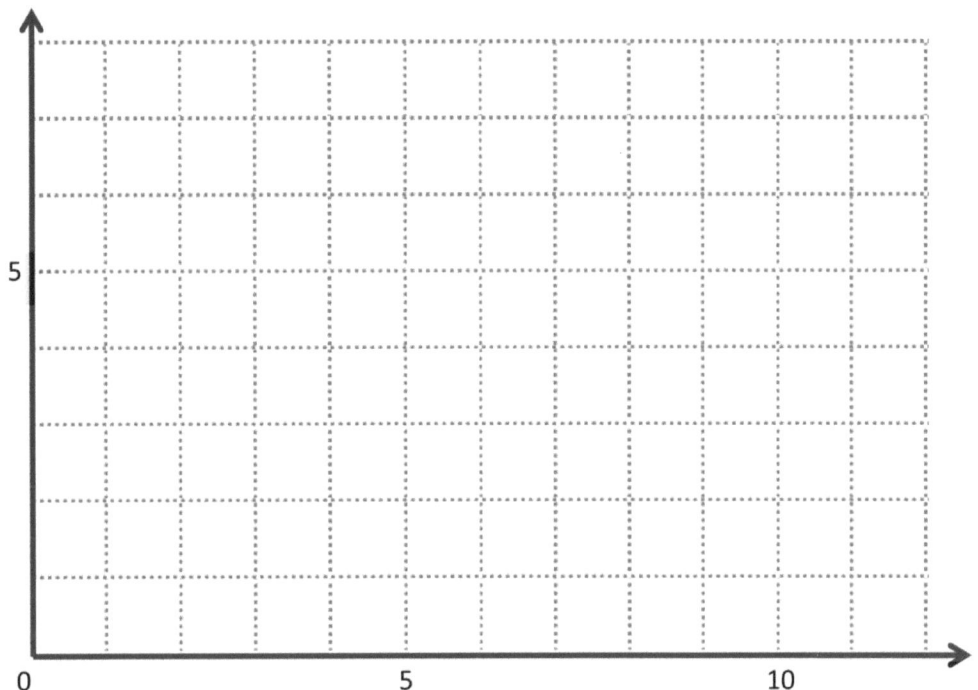

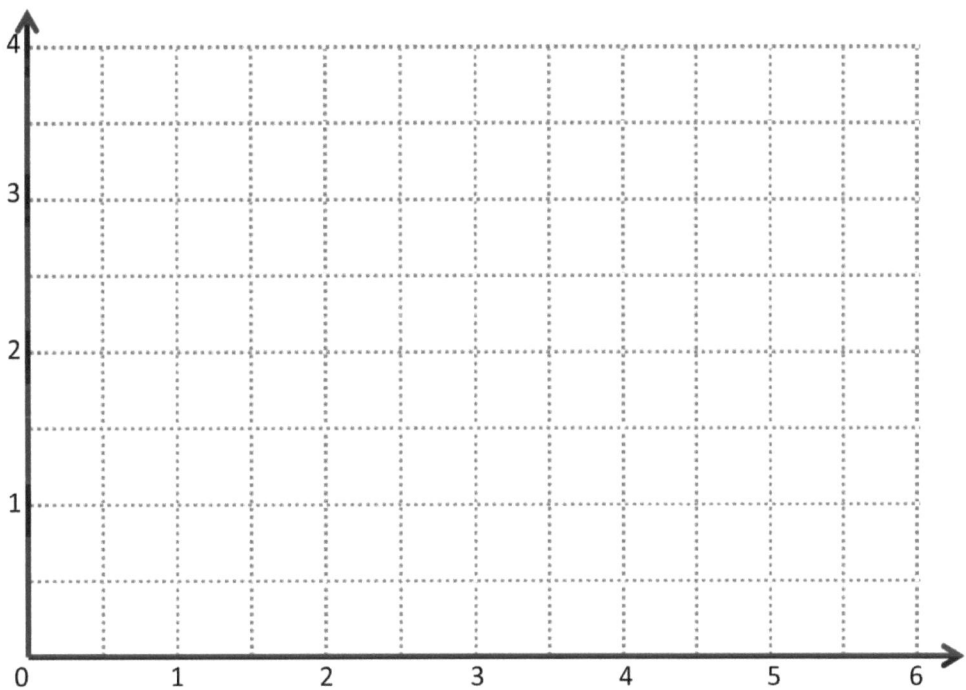

avion coordonné

Leçon 14 : Construisez des segments de ligne parallèles et analysez les relations des paires de coordonnées.

Nom _____ Date _____

1. Entourez les paires de segments perpendiculaires.

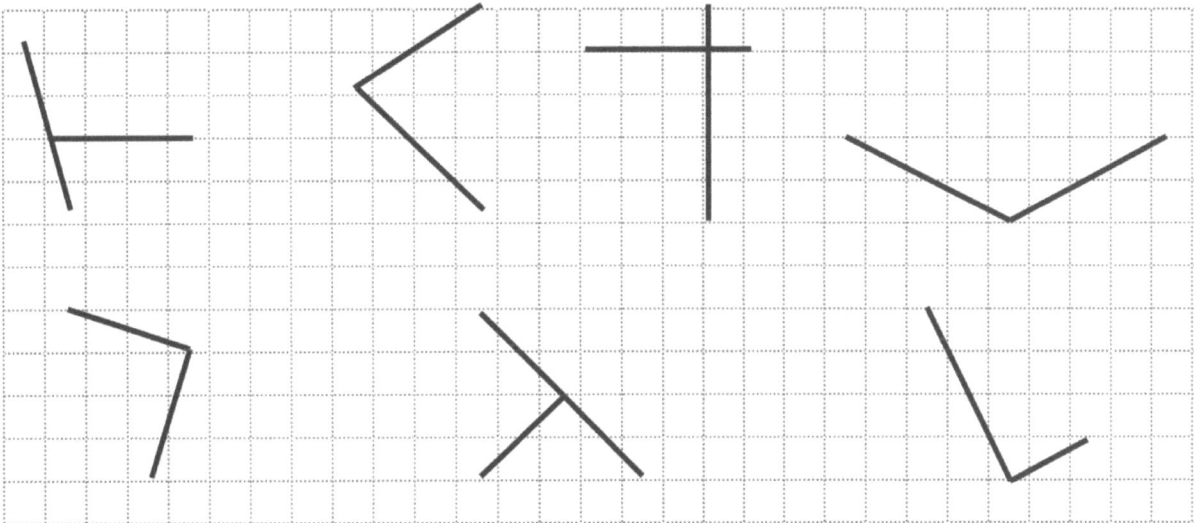

2. Dans l'espace ci-dessous, utilisez vos modèles de triangle rectangle pour dessiner au moins 3 ensembles différents de perpendiculaires lignes.

3. Dessinez un segment perpendiculaire à chaque segment donné. Montrez votre réflexion en esquissant des triangles au besoin.

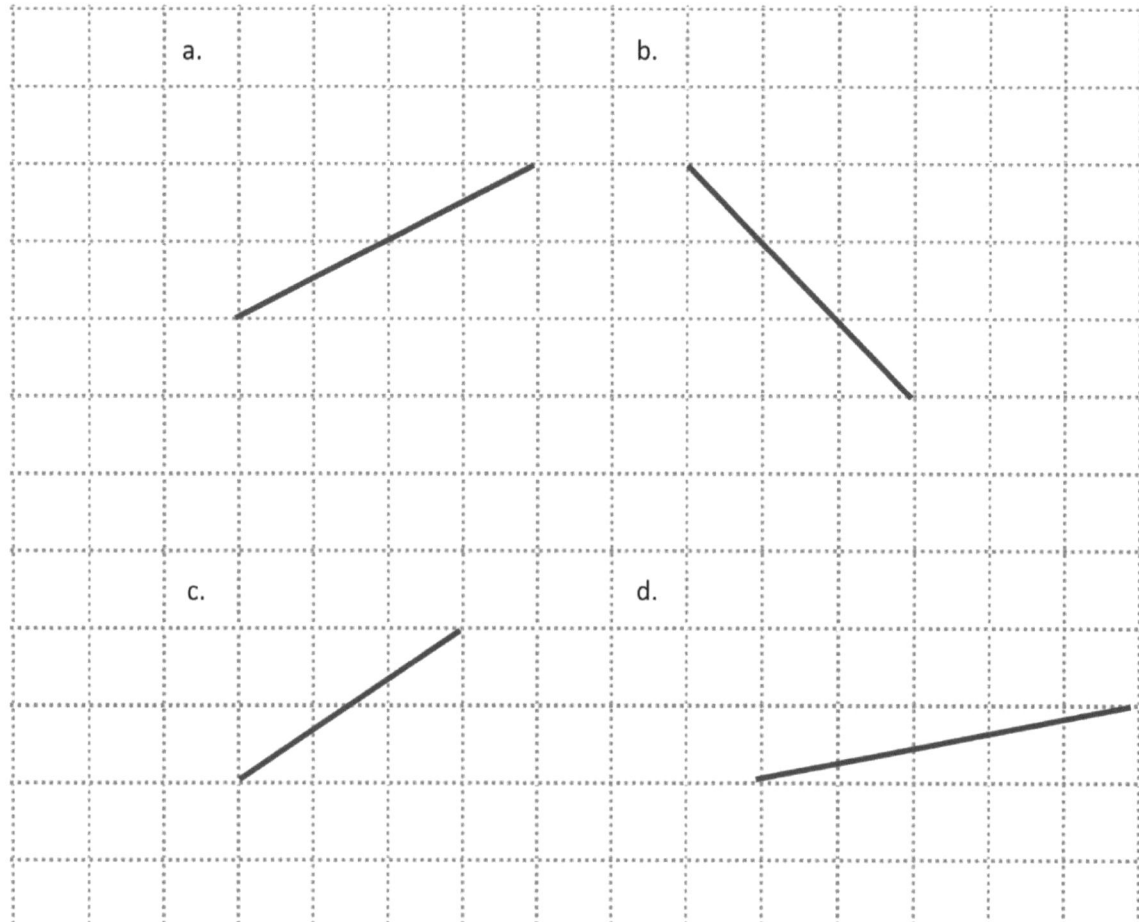

4. Tracez 2 lignes différentes perpendiculaires à la ligne *e*.

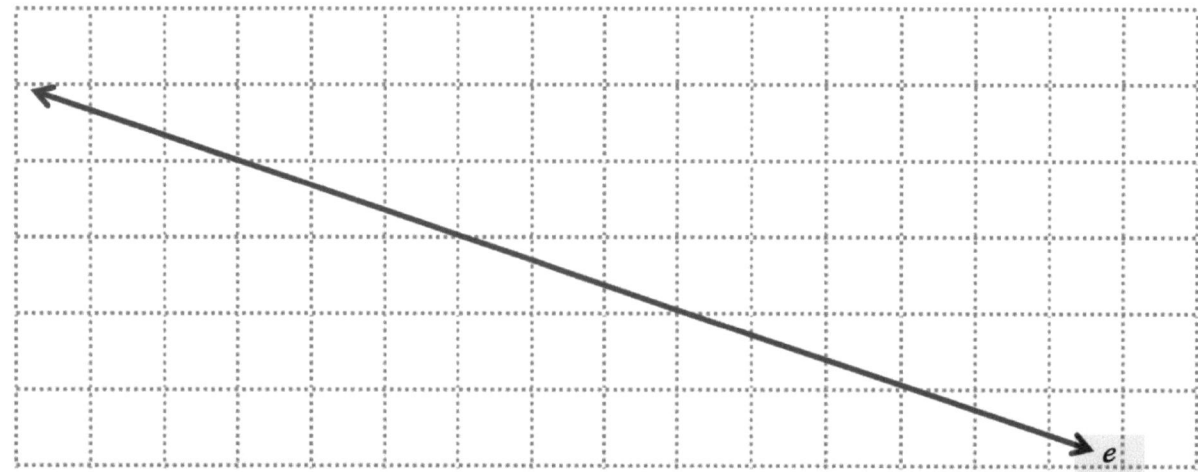

UNE HISTOIRE D'UNITÉS   Leçon 15 Ticket de sortie   5•6

Nom _____   Date _____

Dessinez un segment perpendiculaire à chaque segment donné. Montrez votre réflexion en esquissant des triangles au besoin.

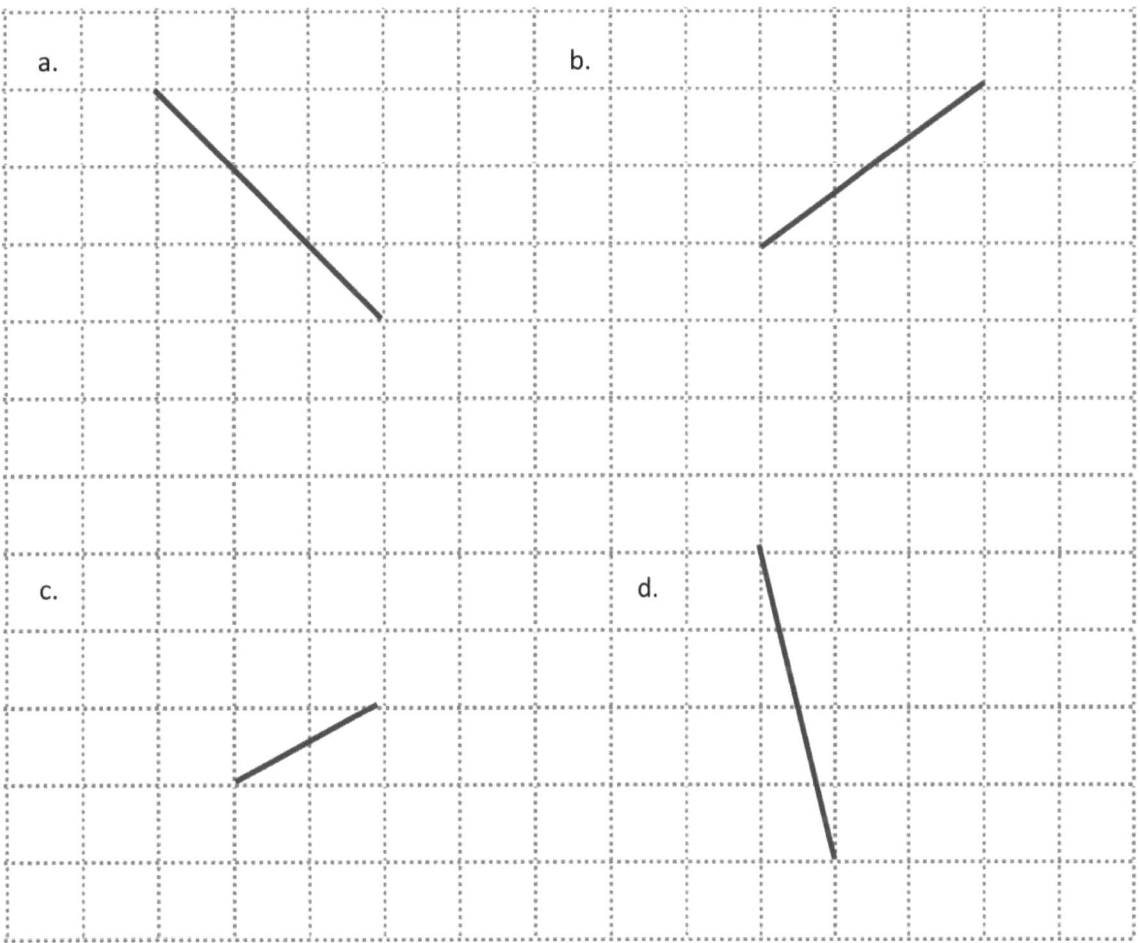

Leçon 15 : Construisez des segments de ligne perpendiculaires sur une grille rectangulaire.

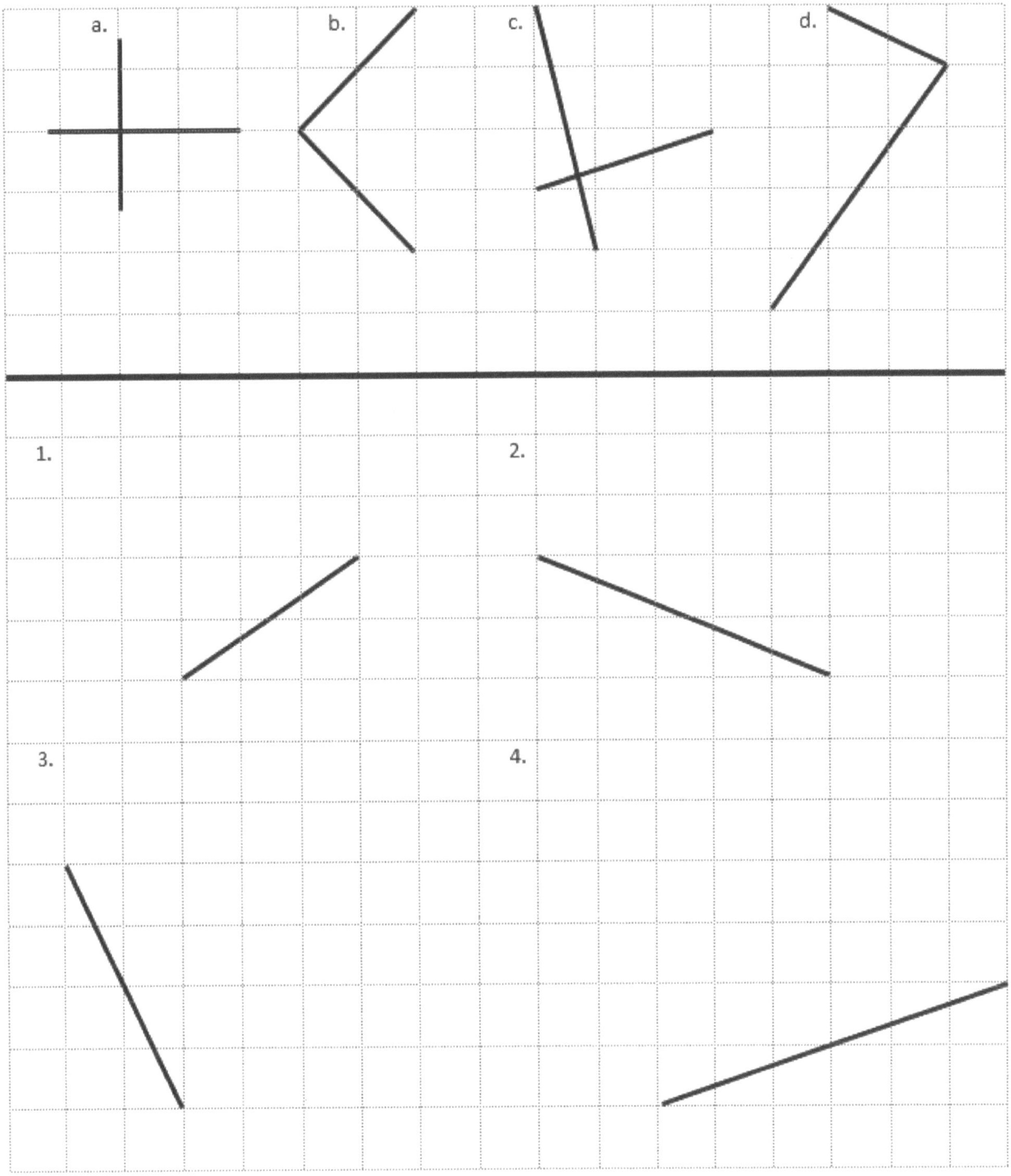

UNE HISTOIRE D'UNITÉS — Leçon 15 Modèle 1 — 5•6

a.   b.   c.   d.

1.   2.

3.   4.

feuille d'enregistrement

Leçon 15 : Construisez des segments de ligne perpendiculaires sur une grille rectangulaire.

a. Complétez le tableau de la règle *y est 1 de plus que la moitié x*, tracez les paires de coordonnées et tracez une ligne connectez-les.

b. Donner la y-coordonnée pour le point sur cette ligne dont x-coordonné est $42\frac{1}{4}$.

x	y
$\frac{1}{2}$	
$1\frac{1}{2}$	
$2\frac{1}{4}$	
3	

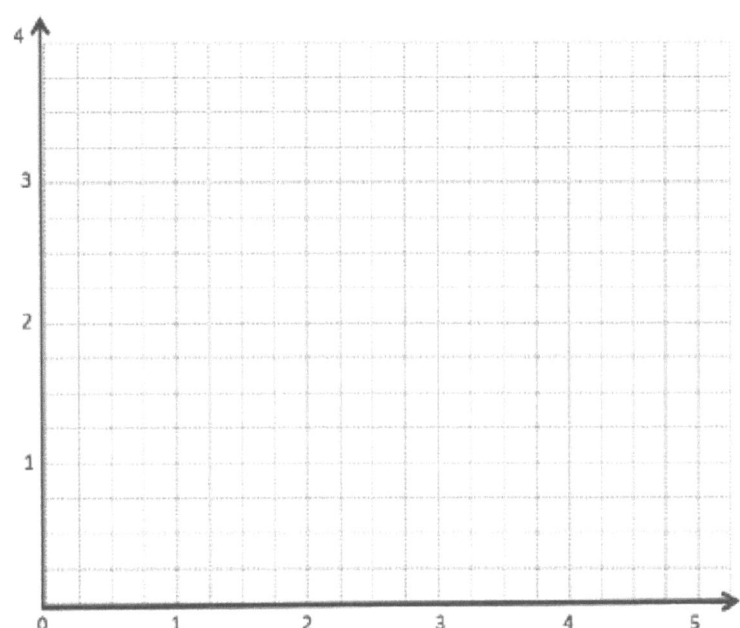

Extension : Donner la x-coordonnée pour le point sur cette ligne dont y-coordonné est $5\frac{1}{2}$.

Lire   Dessiner   Écrire

Leçon 16 : Construisez des segments de ligne perpendiculaires et analysez les relations les paires de coordonnées.

Nom _____ Date _____

1. Utilisez le plan de coordonnées ci-dessous pour effectuer les tâches suivantes.

    a. Dessine $\overline{AB}$.

    b. Point de tracé C (0, 8).

    c. Dessine $\overline{AC}$.

    d. Explique comment tu le sais $\angle CAB$ est un angle droit sans le mesurer.

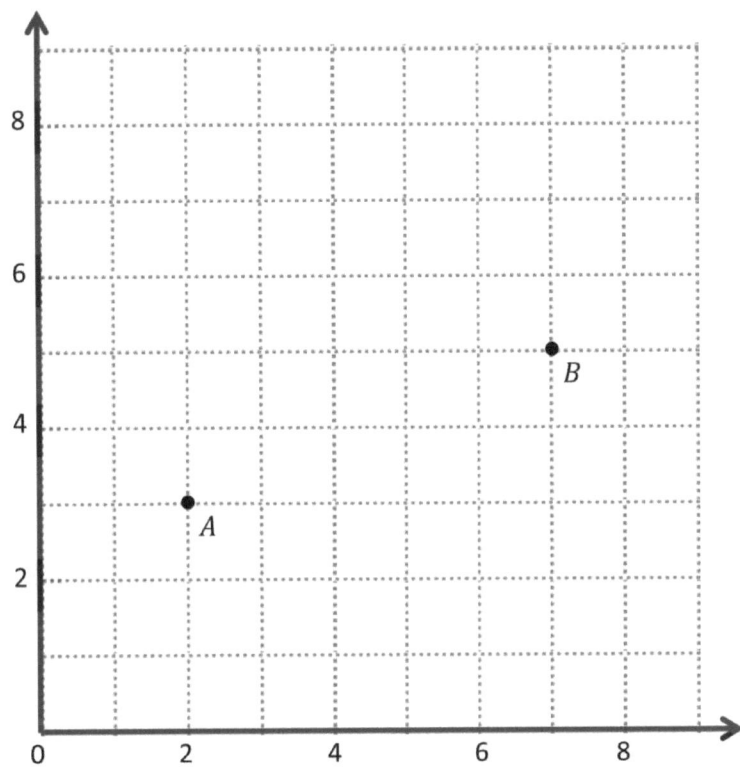

    e. Sean a dessiné l'image ci-dessous pour trouver un segment perpendiculaire à $\overline{AB}$. Expliquez pourquoi Sean a raison.

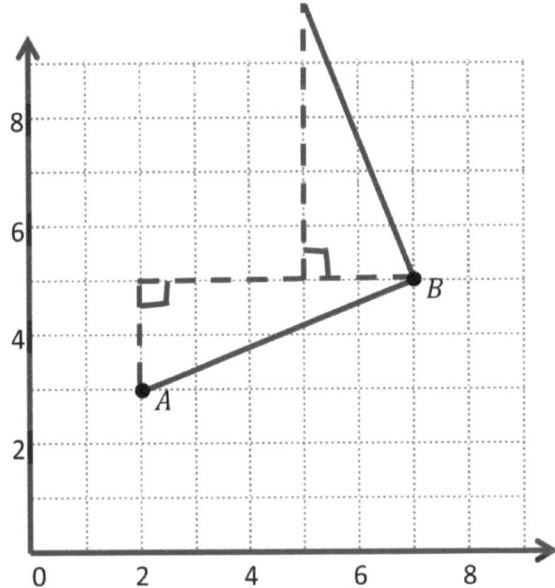

Leçon 16 : Construisez des segments de ligne perpendiculaires et analysez les relations les paires de coordonnées.

2. Utilisez le plan de coordonnées ci-dessous pour effectuer les tâches suivantes.

   a. Dessine $\overline{QT}$.

   b. Point de tracé R (2, $6\frac{1}{2}$).

   c. Dessine $\overline{QR}$.

   d. Explique comment tu le sais $\angle RQT$ est un droit angle sans le mesurer.

   e. Comparez les coordonnées des points Q et T. Quelle est la différence du x-les coordonnées ? le y-les coordonnées ?

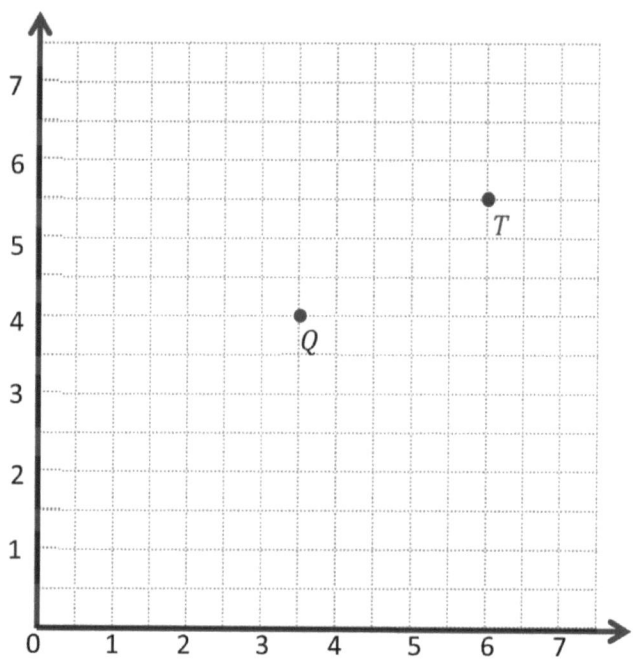

   f. Comparez les coordonnées des points Q et R. Quelle est la différence du x-les coordonnées ? le y-les coordonnées ?

   g. Quelle est la relation entre les différences que vous avez trouvées dans les parties (e) et (f) avec les triangles dont ces deux segments font partie ?

3. $\overleftrightarrow{EF}$ contient les points suivants. $E : (4, 1)$ $F : (8, 7)$

   Donner les coordonnées d'une paire de points G et H, tel que $\overleftrightarrow{EF} \perp \overleftrightarrow{GH}$.

   $G : (\_\_\_\_, \_\_\_\_)$ $H : (\_\_\_\_, \_\_\_\_)$

UNE HISTOIRE D'UNITÉS   Leçon 16 Ticket de sortie   5•6

Nom _____ Date _____

Utilisez le plan de coordonnées ci-dessous pour effectuer les tâches suivantes.

a. $\overline{UV}$ Dessine.

b. Point de tracé W ($\overline{EF} \perp \overline{GH}$, 6).

c. $\overline{VW}$ Dessine.

d. Expliquez comment vous savez que ∠UVW est un angle droit sans le mesurer.

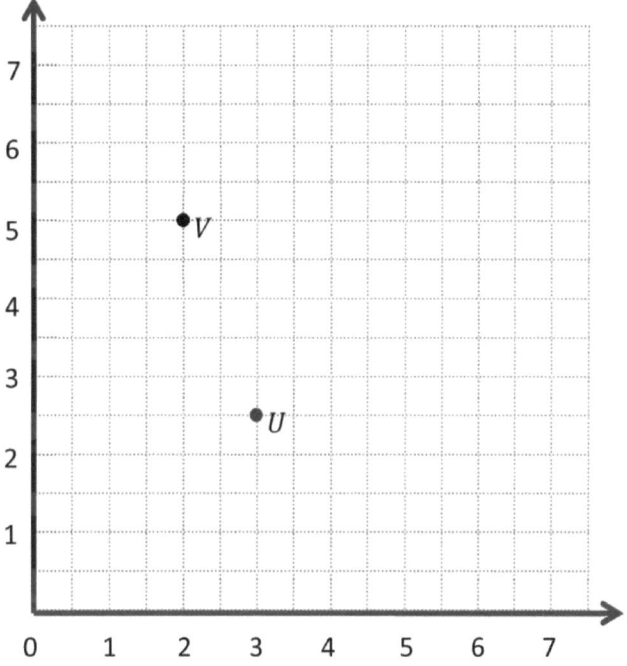

Leçon 16 : Construisez des segments de ligne perpendiculaires et analysez les relations les paires de coordonnées.

Copyright © Great Minds PBC

UNE HISTOIRE D'UNITÉS

Leçon 16 Modèle

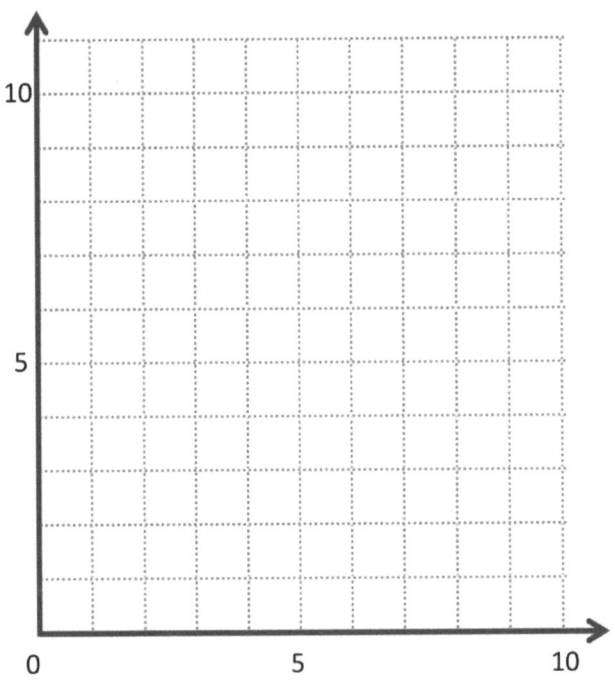

	(x, y)
A	
B	
C	

	(x, y)
D	
E	
F	

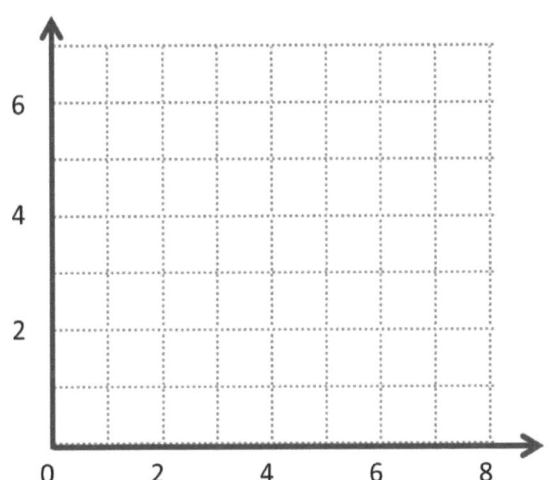

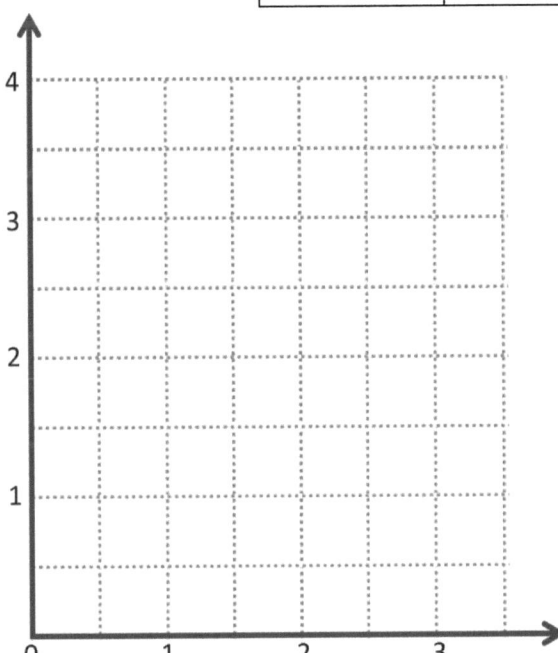

	(x, y)
G	
H	
I	

avion coordonné

Leçon 16 : Construisez des segments de ligne perpendiculaires et analysez les relations les paires de coordonnées.

Tracez (10, 8) et (3, 3) sur le plan de coordonnées, connectez les points avec une règle et nommez-les comme C et D.

   a. Tracez un segment parallèle à $\overline{CD}$.

   b. Dessinez un segment perpendiculaire à $\overline{CD}$.

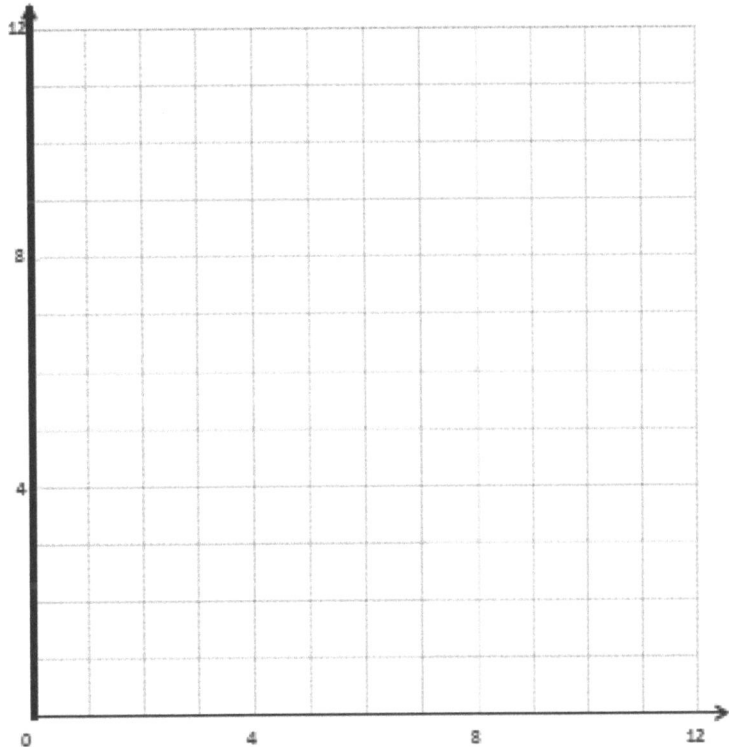

Lire   Dessiner   Écrire

Leçon 17 : Dessinez des figures symétriques à l'aide de la mesure de distance et d'angle axe de symétrie.

Nom _____   Date _____

1. Dessinez pour créer une figure symétrique $\overleftrightarrow{AD}$.

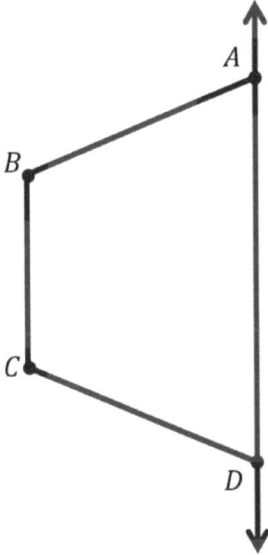

2. Dessinez précisément pour créer une figure symétrique $\overleftrightarrow{HI}$.

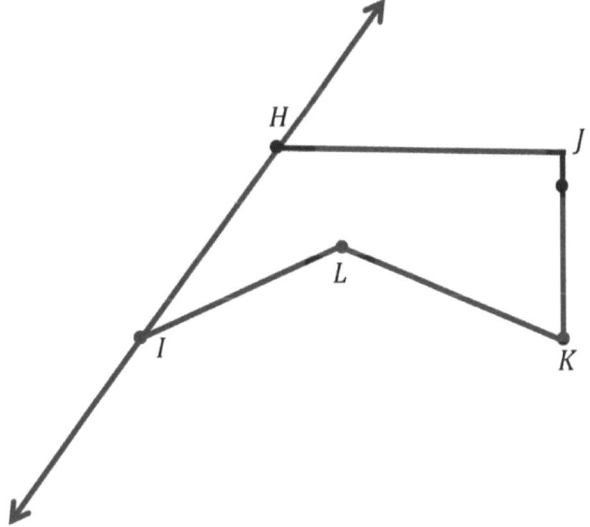

3. Terminez la construction suivante dans l'espace ci-dessous.

   a. Tracer 3 points non colinéaires, D, E, et F.

   b. Dessiner $\overline{DE}$, $\overline{DF}$, et $\overline{DF}$.

   c. Point de tracé G et dessinez les côtés restants, de sorte que le quadrilatère $DEFG$ est symétrique sur $\overline{DF}$.

4. Stu dit que le quadrilatère $HIJK$ est symétrique sur $\overrightarrow{HJ}$ car $IL = LK$. Utilisez vos outils pour déterminer l'erreur de Stu. Explique ton raisonnement.

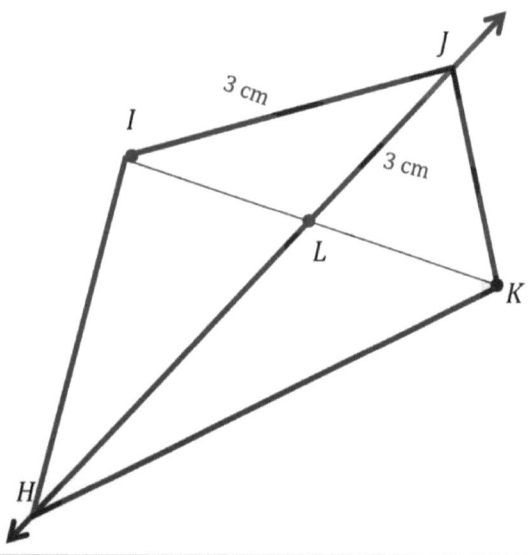

Nom _____ Date _____

1. Dessinez 2 points sur un côté de la ligne ci-dessous et nommez-les T et U.

2. Utilisez votre équerre et votre règle pour dessiner des points symétriques autour de votre ligne qui correspondent à T et U, et les étiqueter V et W.

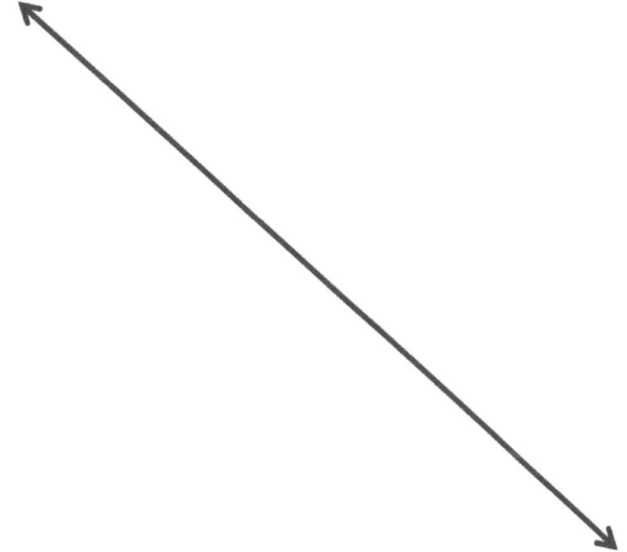

Leçon 17 : Dessinez des figures symétriques à l'aide de la mesure de distance et d'angle axe de symétrie.

Denis achète 8 mètres de ruban. Il utilise 3.25 mètres pour un cadeau. Il utilise également le ruban restant pour nouer des nœuds sur 5 boîtes. Combien de ruban a-t-il utilisé sur chaque boîte ?

Lire   Dessiner   Écrire

Nom _____   Date _____

1. Utilisez l'avion à droite pour effectuer les tâches suivantes.

   a. Tracer une ligne t dont la règle est *y vaut toujours 0,7*.

   b. Tracez les points du tableau A sur la grille dans l'ordre. Ensuite, tracez une ligne segments pour connecter les points.

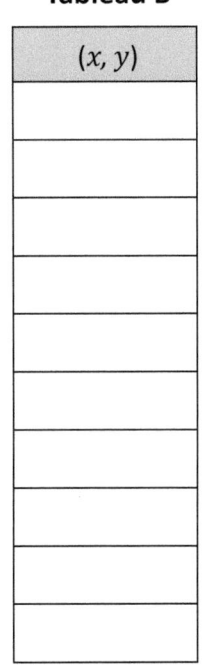
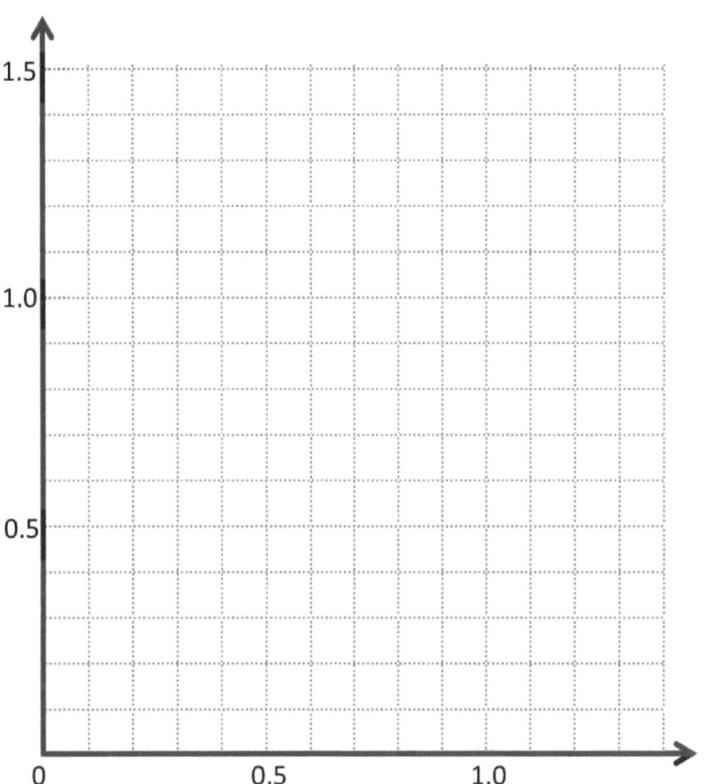

Tableau A

(x, y)
(0.1, 0.5)
(0.2, 0.3)
(0.3, 0.5)
(0.5, 0.1)
(0.6, 0.2)
(0.8, 0.2)
(0.9, 0.1)
(1.1, 0.5)
(1.2, 0.3)
(1.3, 0.5)

Tableau B

(x, y)

   c. Terminez le dessin pour créer une figure symétrique par rapport à la ligne t. Pour chaque point du tableau A, enregistrez le point correspondant de l'autre côté de la ligne de symétrie dans le tableau B.

   d. Comparez les y-les coordonnées du tableau A avec celles du tableau B. Que remarques-tu ?

   e. Comparez les x-les coordonnées du tableau A avec celles du tableau B. Que remarques-tu ?

2. Cette figure a une deuxième ligne de symétrie. Tracez la ligne sur le plan et écrivez la règle pour cette ligne.

3. Utilisez le plan ci-dessous pour effectuer les tâches suivantes.

   a. Tracer une ligne u dont la règle est *y est égal à* $x + \frac{1}{4}$.

   b. Construisez une figure avec un total de 6 points, tous du même côté de la ligne.

   c. Notez les coordonnées de chaque point, dans l'ordre dans lequel elles ont été dessinées, dans le tableau A.

   d. Échangez votre papier avec un voisin et demandez-lui les parties complètes (e – f) ci-dessous.

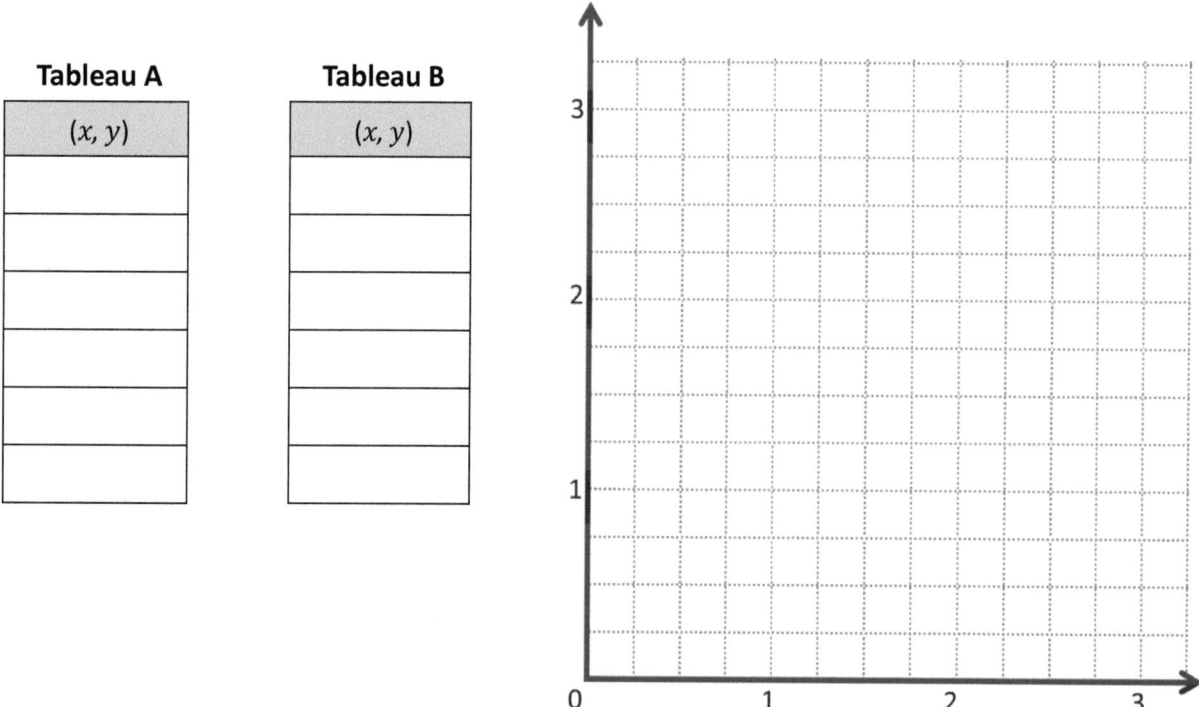

   e. Terminez le dessin pour créer une figure symétrique par rapport à u. Pour chaque point du tableau A, enregistrez le point correspondant de l'autre côté de la ligne de symétrie dans le tableau B.

   f. Expliquez comment vous avez trouvé les points symétriques par rapport à ceux de votre partenaire u.

Nom _____   Date _____

Kenny a tracé les paires de points suivantes et a dit qu'ils avaient fait une figure symétrique autour d'une ligne avec la règle :

y est toujours 4.

- (3, 2) et (3, 6)
- (4, 3) et (5, 5)
- (5, $\frac{3}{4}$) et (5, $7\frac{1}{4}$)
- (7, $1\frac{1}{2}$) et (7, $6\frac{1}{2}$)

Sa silhouette est-elle symétrique par rapport à la ligne ? Comment le sais-tu ?

UNE HISTOIRE D'UNITÉS — Leçon 18 Modèle 5•6

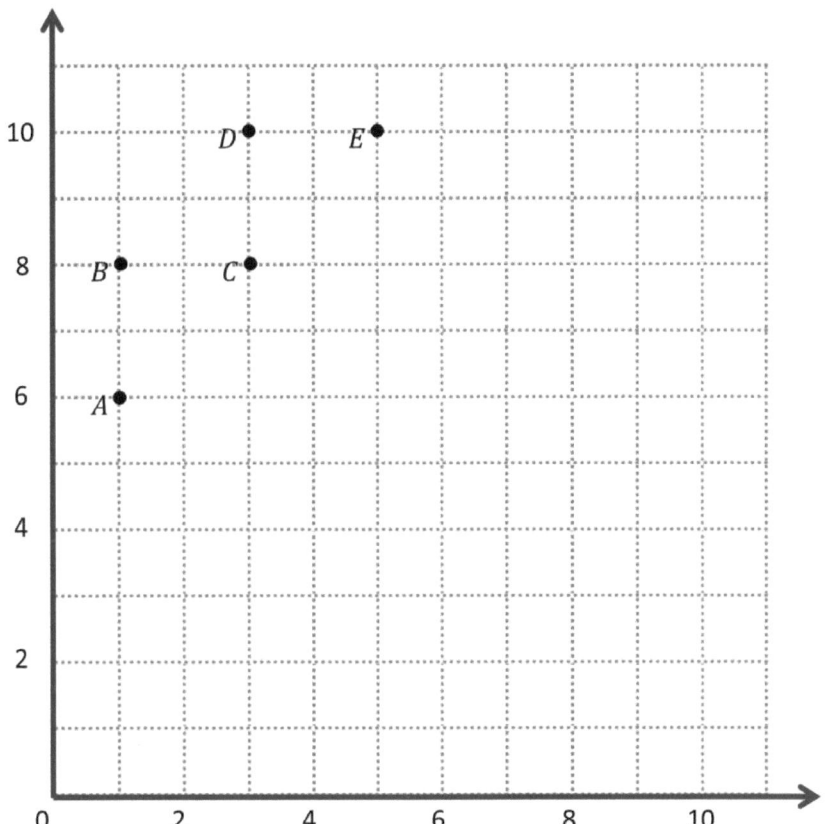

Tableau E

Point	(x, y)
A	(1, 1)
B	($1\frac{1}{2}$, $3\frac{1}{2}$)
C	(2, 3)
D	($2\frac{1}{2}$, $3\frac{1}{2}$)
E	($2\frac{1}{2}$, $2\frac{1}{2}$)
F	($3\frac{1}{2}$, $2\frac{1}{2}$)
G	(3, 2)
H	($3\frac{1}{2}$, $1\frac{1}{2}$)

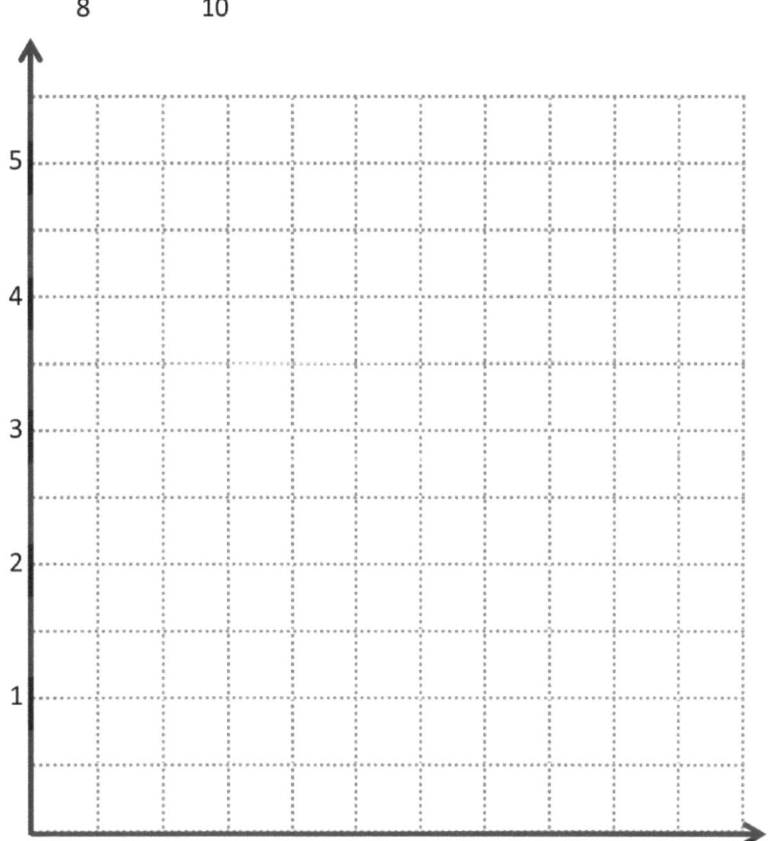

avion coordonné

Leçon 18 : Dessinez des figures symétriques sur le plan de coordonnées.

Trois pieds équivalent à 1 mètre. Le tableau suivant montre la conversion. Utilisez les informations pour effectuez les tâches suivantes :

Pieds (ft)	Yards (yd)
3	1
6	2
9	3
12	4

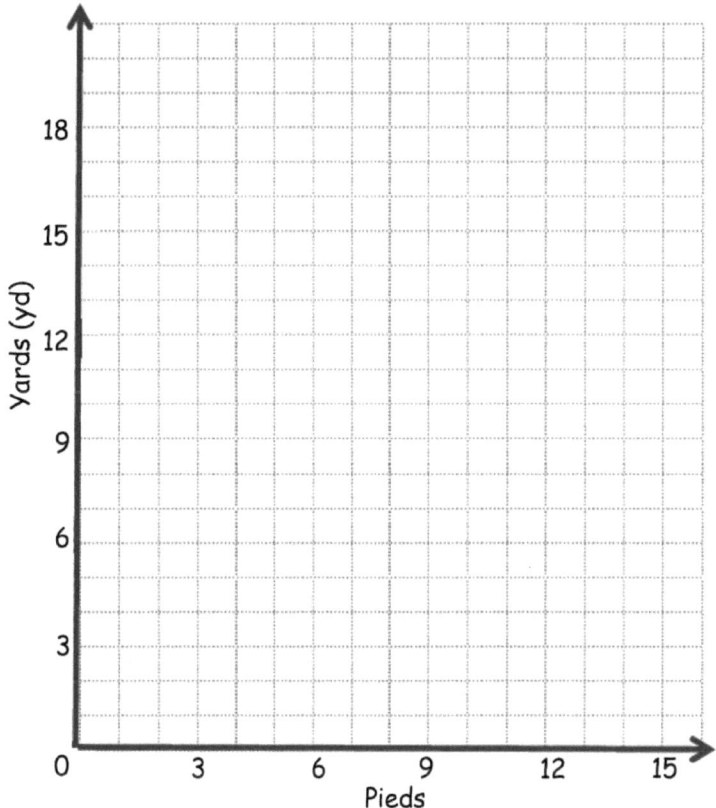

1. Tracez chaque ensemble de coordonnées.
2. Utilisez une règle pour vous connecter chaque point.
3. Tracez un autre point sur cette ligne, et écrivez ses coordonnées.

Lire   **Dessiner**   **Écrire**

Leçon 19 :   Tracez les données sur des graphiques linéaires et analysez les tendances.

4. 27 pieds peuvent être convertis en combien de mètres ?

5. Écrivez la règle qui décrit la ligne.

Lire   Dessiner   Écrire

Nom _____ Date _____

1. Le graphique linéaire ci-dessous suit l'accumulation de pluie, mesurée toutes les demi-heures, pendant un orage qui a commencé à 14h00 et s'est terminé à 19h00 Utilisez les informations du graphique pour répondre aux questions qui suivent.

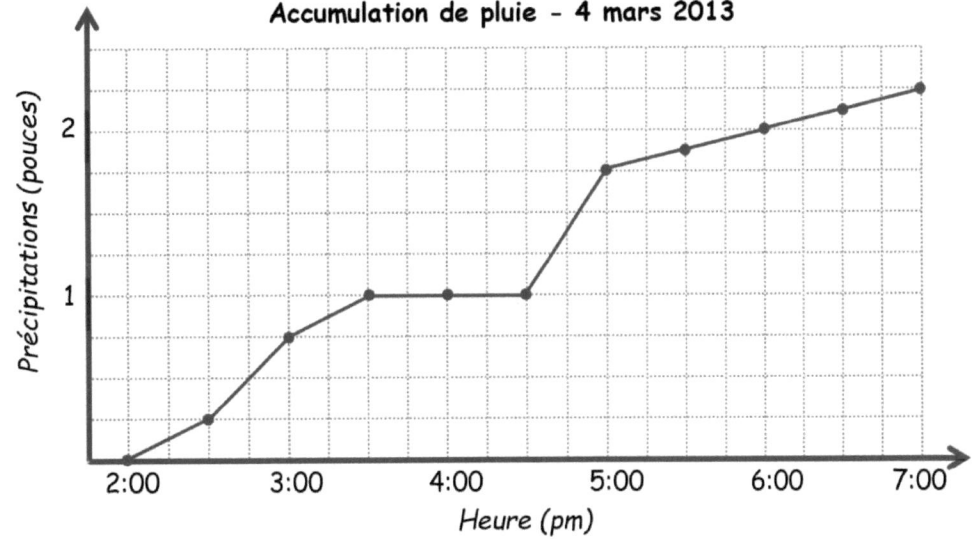

   a. Combien de pouces de pluie sont tombés pendant cette période de cinq heures ?

   b. Au cours de quelle période d'une demi-heure $\frac{1}{2}$ un pouce de pluie tombe ? Explique comment tu le sais.

   c. Au cours de quelle période d'une demi-heure la pluie est-elle tombée le plus rapidement ? Explique comment tu le sais.

   d. Pourquoi pensez-vous que la ligne est horizontale entre 15h30 et 16h30 ?

   e. Pour chaque pouce de pluie tombé ici, une communauté voisine dans les montagnes a reçu un pied et demi de neige. Combien de pouces de neige sont tombés dans la communauté montagnarde entre 17 h et 19 h ?

Leçon 19 : Tracez les données sur des graphiques linéaires et analysez les tendances.

2. M. Boyd vérifie la jauge du réservoir de carburant de sa maison le premier jour de chaque mois. Le graphique linéaire à droite a été créé à partir des données qu'il a collectées.

   a. Selon le graphique, pendant lequel mois la quantité de carburant diminuer le plus rapidement ?

   b. Les Boyds ont pris des vacances d'un mois. Au cours de quel mois cela a-t-il le plus fait se produira probablement ? Explique comment tu le sais en utilisant les données du graphique.

   c. La compagnie de carburant de M. Boyd a rempli son réservoir une fois cette année. Pendant quel mois cela s'est-il probablement produit ? Explique comment tu le sais.

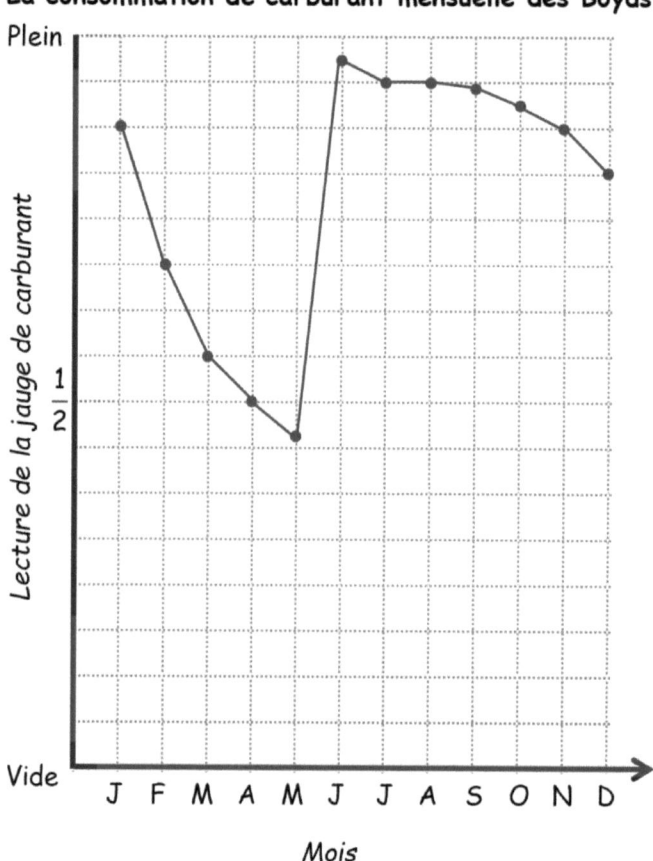

   d. Le réservoir de carburant de la famille Boyd contient 284 gallons de carburant lorsqu'il est plein. Combien de gallons de carburant Boyds utilise en février ?

   e. M. Boyd paie 3,54 $ le gallon de carburant. Quel est le coût du carburant utilisé en février et mars ?

Nom _____   Date _____

Le graphique linéaire ci-dessous montre le niveau d'eau du ruisseau Plainsview, mesuré chaque dimanche, pendant 8 semaines. Utilisez les informations du graphique pour répondre aux questions qui suivent.

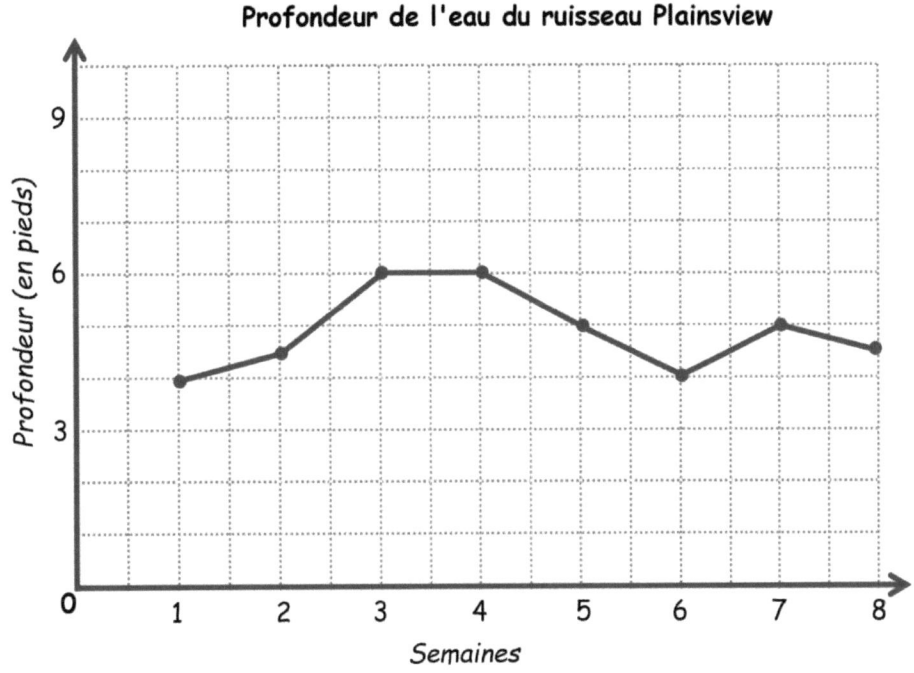

a. À environ combien de pieds de profondeur le ruisseau a-t-il eu lieu au cours de la semaine 1 ? _____

b. D'après le graphique, quelle semaine a eu le plus grand changement de profondeur d'eau ? _____

c. Il a plu fort pendant la sixième semaine. Pendant quelles autres semaines aurait-il plu ? Explique pourquoi tu le penses.

d. Quelle aurait pu être une autre cause menant à une augmentation de la profondeur du ruisseau ?

Leçon 19 : Tracez les données sur des graphiques linéaires et analysez les tendances.

Nom _____   Date _____

1. Le graphique linéaire ci-dessous suit la production totale de tomates pour un plant de tomates. La production totale de tomates est tracée à la fin de chacune des 8 semaines. Utilisez les informations du graphique pour répondre aux questions qui suivent.

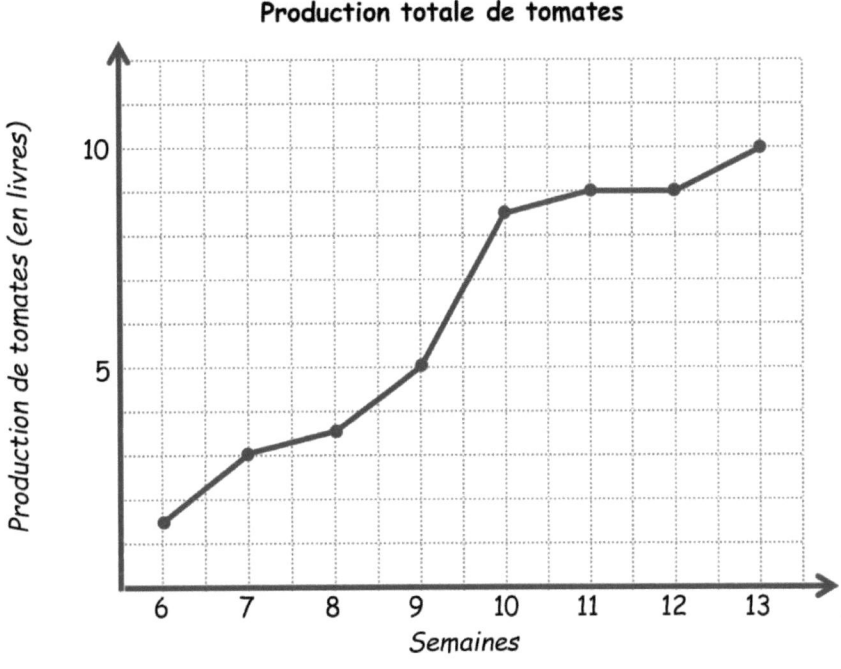

a. Combien de livres de tomates cette plante a-t-elle produit au bout de 13 semaines ?

b. Combien de livres de tomates cette plante a-t-elle produites de la semaine 7 à la semaine 11 ? Explique comment tu le sais.

c. Quelle période d'une semaine a montré le plus grand changement dans la production de tomates ? Le moins ? Explique comment tu le sais.

d. Pendant les semaines 6 à 8, Jason a nourri le plant de tomate avec de l'eau. Au cours des semaines 8 à 10, il a utilisé un mélange de de l'eau et de l'engrais A, et au cours des semaines 10 à 13, il a utilisé de l'eau et de l'engrais B sur le plant de tomate.
Comparez la production de tomates pour ces périodes.

2. Utilisez le contexte de l'histoire ci-dessous pour esquisser un graphique linéaire. Répondez ensuite aux questions qui suivent.

Le nombre d'élèves de cinquième année fréquentant l'école Magnolia a changé avec le temps. L'école ouvert en 2006 avec 156 élèves de cinquième année. La population étudiante a augmenté du même montant chaque année avant d'atteindre sa plus grande classe de 210 étudiants en 2008. L'année suivante, Magnolia en perdit un. septième de sa cinquième année. En 2010, les inscriptions sont tombées à 154 étudiants et sont restées constantes 2011. Au cours des deux années suivantes, les inscriptions ont augmenté de 7 étudiants chaque année.

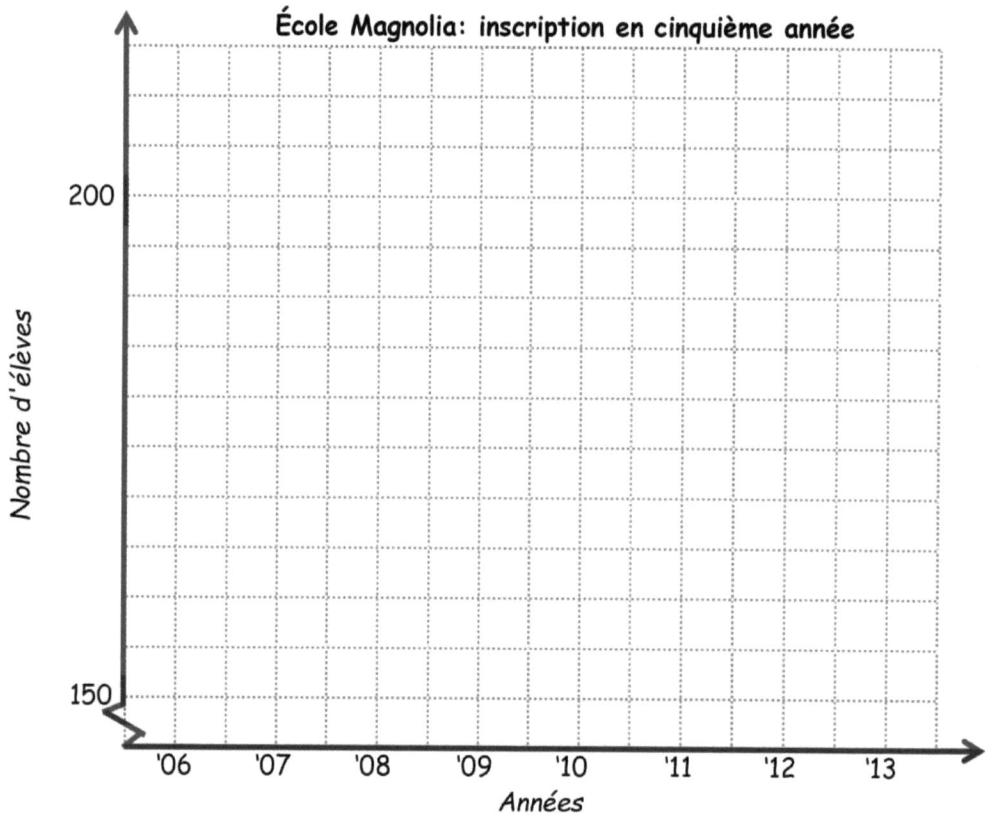

a. Combien d'élèves de cinquième année de plus ont fréquenté Magnolia en 2009 qu'en 2013 ?

b. Entre quelles deux années consécutives y a-t-il eu le plus grand changement de population étudiante ?

c. Si la population de cinquième année continue de croître selon le même schéma qu'en 2012 et 2013, en quelle année le nombre d'élèves correspondra-t-il aux inscriptions de 2008 ?

Nom _____ Date _____

Utilisez les informations suivantes pour compléter le graphique linéaire ci-dessous. Répondez ensuite aux questions qui suivent.

Harry tient un stand de hot-dogs à la foire du comté. Quand il est arrivé mercredi, il avait 38 douzaines de hot-dogs pour son stand. Le graphique montre le nombre de hot dogs (en dizaines) qui sont restés invendus à la fin de chaque journée Des ventes.

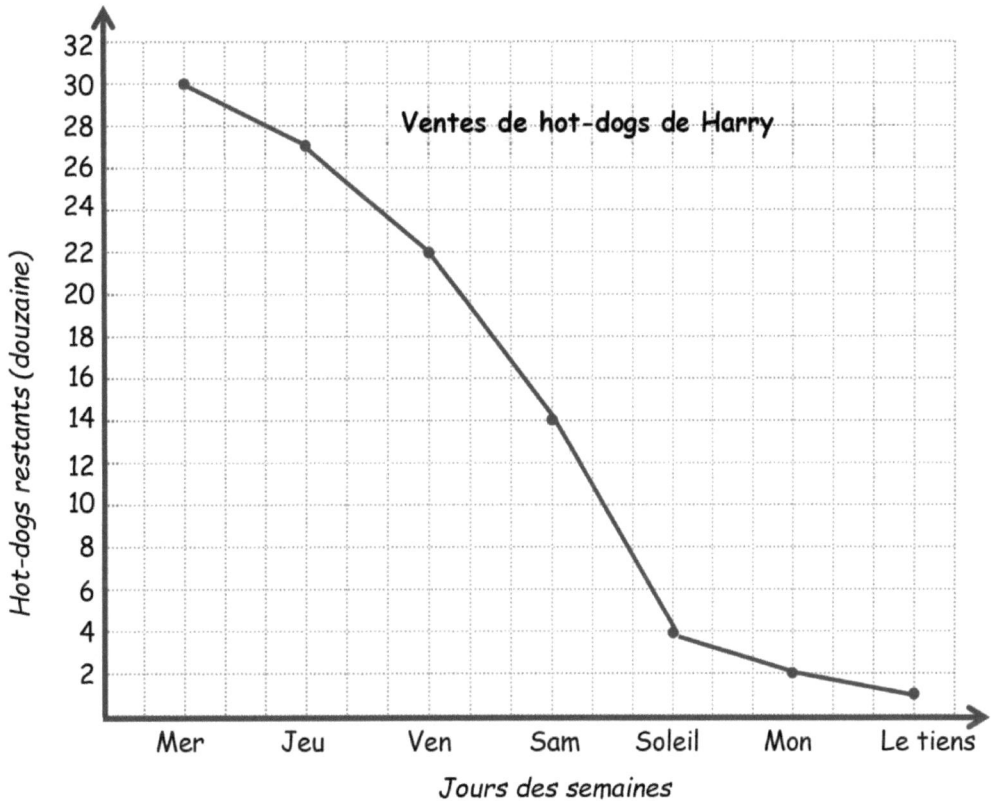

a. Combien de douzaines de hot-dogs Harry a-t-il vendus mercredi ? Comment le sais-tu ?

b. Entre quelle période de deux jours le nombre de hot dogs vendus a-t-il le plus changé ? Expliquez comment vous avez trouvé votre réponse.

c. Pendant quels trois jours Harry a-t-il vendu le plus de hot-dogs ?

d. Combien de douzaines de hot-dogs ont été vendus ces trois jours ?

Leçon 20 : Utilisez des systèmes de coordonnées pour résoudre des problèmes du monde réel.

Élève _____ Équipe _____ Date _____ Problème 1

Papier de Pierre

Pierre a plié un morceau de papier carré verticalement pour faire deux rectangles. Chaque rectangle avait un périmètre de 39 pouces. Quelle est la longueur de chaque côté du carré d'origine ? Quelle est la superficie de la place d'origine ? Quelle est l'aire de l'un des rectangles ?

Élève _____ Équipe _____ Date _____ Problème 2

Shopping avec Elise

Elise a économisé $184. Elle a acheté une écharpe, un collier et un cahier. Après ses achats, elle avait encore $39.50. L'écharpe coûtait trois cinquièmes du prix du collier, et le cahier coûtait un sixième de plus que l'écharpe. Quel était le coût de chaque article ? Combien coûte le collier par rapport au carnet ?

Leçons 21 à 23 : Comprendre les problèmes complexes en plusieurs étapes et persévérer dans la résolution leur. Partagez et critiquez les solutions des pairs.

| UNE HISTOIRE D'UNITÉS | Leçons 21 à 23 Ensemble de problèmes | 5•6 |

Élève _____ Équipe _____ Date _____ Problème 3

Le tapis de Hewitt

La famille Hewitt achète de la moquette pour deux chambres. La salle à manger est un carré qui mesure 12 pieds de chaque côté. La tanière mesure 9 mètres sur 5 mètres. Mme Hewitt a prévu un budget de $2,650 pour la moquette des deux chambres. Le tapis vert qu'elle envisage coûte $42.75 par mètre carré et le prix du tapis brun est de $4.95 par pied carré. De quelles façons elle peut tapisser les chambres et respecter son budget ?

Élève _____ Équipe _____ Date _____ Problème 4

Taxi AAA

AAA Taxi facture $1.75 pour le premier mile et $1.05 pour chaque mile supplémentaire. Jusqu'où Mme Leslie pourrait-elle voyager pour $20 si elle donne un pourboire au chauffeur de taxi de $2.50 ?

UNE HISTOIRE D'UNITÉS   Leçons 21 à 23 Ensemble de problèmes 5•6

Élève _____ Équipe _____ Date _____ Problème 5

Citrouilles et courges

Trois citrouilles et deux courges pèsent 27.5 livres. Quatre citrouilles et trois courges pèsent 37.5 livres. Chaque citrouille pèse le même poids que les autres citrouilles, et chaque courge pèse le même poids que l'autre courge. Combien pèse chaque citrouille ? Combien pèse chaque courge ?

Élève _____ Équipe _____ Date _____ Problème 6

Petites voitures et camions

Henry avait 20 cabriolets et 5 camions dans sa collection de voitures miniatures. Après que la tante d'Henry lui ait acheté d'autres camions miniatures, Henry a découvert qu'un cinquième de sa collection se composait de cabriolets. Combien camions a-t-elle acheté sa tante ?

Leçons 21 à 23 : Comprendre les problèmes complexes en plusieurs étapes et persévérer dans la résolution leur. Partagez et critiquez les solutions des pairs.

Élève _____ Équipe _____ Date _____ Problème 7

Paires de scouts

Certaines filles d'une troupe de scoutes font équipe avec des garçons d'une troupe de scouts pour pratiquer la danse carrée. Les deux tiers des filles sont jumelées aux trois cinquièmes des garçons. Quelle fraction des scouts pratique la danse carrée ?

(Chaque paire est une scoute et un scout. Les paires ne sont que de ces deux troupes.)

Élève _____ Équipe _____ Date _____ Problème 8

Tasses à mesurer de Sandra

Sandra fabrique des cookies qui nécessitent $5\frac{1}{2}$ cups d'avoine. Elle n'a que deux tasses à mesurer : une demi-tasse et une tasse aux trois quarts. Quel est le plus petit nombre de cuillères qu'elle pourrait faire pour obtenir $5\frac{1}{2}$ cups ?

Élève _____ Équipe _____ Date _____ Problème 9

Carrés bleus

Les dimensions de chaque carré bleu successif illustré à droite sont la moitié de celle du carré bleu précédent. Le carré bleu en bas à gauche mesure 6 pouces sur 6 pouces.

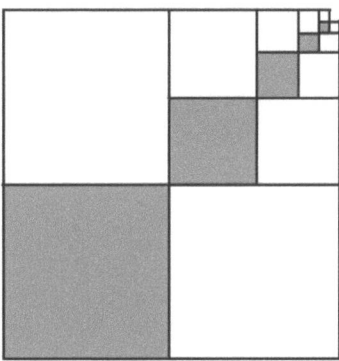

a. Trouvez la zone de la partie ombrée.
b. Trouvez la surface totale des parties ombrées et non ombrées.
c. Quelle fraction de la figure est ombrée ?

Le marché vend des pastèques à $0.39 la livre et des pommes à $0.43 la livre. Écrivez une expression qui montre combien Carmen dépense pour une pastèque de 11.5 livres et un sac de pommes de 3.2 livres.

Lire   **Dessiner**   **Écrire**

Nom _____ Date _____

1. Pour chaque phrase écrite, écrivez une expression numérique, puis évaluez votre expression.

   a. Trois cinquièmes de la somme de treize et six

      Expression numérique :

      Solution :

   b. Soustrayez quatre tiers d'un septième sur soixante-trois.

      Expression numérique :

      Solution :

   c. Six exemplaires de la somme de neuf cinquièmes et trois

      Expression numérique :

      Solution :

   d. Trois quarts du produit de quatre cinquièmes et quinze

      Expression numérique :

      Solution :

2. Écrivez au moins 2 expressions numériques pour chaque phrase ci-dessous. Ensuite, résous-les.

   a. Deux tiers de huit

   b. Un sixième du produit de quatre et neuf

3. Utilisation <, >, ou = pour faire des phrases de nombres vrais sans calculer Explique ton raisonnement.

   a. $217 \times (42 + \frac{48}{5})$  $(217 \times 42) + \frac{48}{5}$

   b. $(687 \times \frac{3}{16}) \times \frac{7}{12}$  $(687 \times \frac{3}{16}) \times \frac{3}{12}$

   c. $5 \times 3.76 + 5 \times 2.68$  5×6.99

six septièmes de neuf	les deux tiers de la somme de vingt-trois et cinquante-sept	quarante-trois moins des trois cinquièmes du produit de dix-vingt	cinq sixièmes la différence de trois cent vingt-neuf et deux cent quatre-vingt-un
trois fois plus que la somme des trois quarts et des deux tiers	la différence entre trente trente et vingt-huit trente	vingt-sept plus de la moitié de la somme de quatre et un huitième et six et deux tiers	la somme de quatre-vingt-huit et cinquante-six divisée par douze
le produit de neuf et huit divisé par quatre	un sixième le produit de douze et quatre	six exemplaires de la somme de six douzièmes et trois quarts	double trois quarts de dix-huit

cartes d'expression

Leçon 26 : Solidifiez l'écriture et l'interprétation des expressions numériques.

| UNE HISTOIRE D'UNITÉS | | Leçon 26 Modèle 2 | 5•6 |

$96 \times (63 + \frac{17}{12})$ ◯ $(96 \times 63) + \frac{17}{12}$

$(437 \times \frac{9}{15}) \times \frac{6}{8}$ ◯ $(437 \times \frac{9}{15}) \times \frac{7}{8}$

$4 \times 8.35 + 4 \times 6.21$ ◯ 4×15.87

$\frac{6}{7} \times (3{,}065 + 4{,}562)$ ◯ $(3{,}065 + 4{,}562) + \frac{6}{7}$

$(8.96 \times 3) + (5.07 \times 8)$ ◯ $(8.96 + 3) \times (5.07 + 8)$

$(297 \times \frac{16}{15}) + \frac{8}{3}$ ◯ $(297 \times \frac{13}{15}) + \frac{8}{3}$

$\frac{12}{7} \times (\frac{5}{4} + \frac{5}{9})$ ◯ $\frac{12}{7} \times \frac{5}{4} + \frac{12}{7} \times \frac{5}{9}$

_____

Comparaison des expressions du plateau de jeu

Leçon 26 : Solidifiez l'écriture et l'interprétation des expressions numériques.

Nom _____ Date _____

1. Utilisez le processus RDW pour résoudre les problèmes de mots ci-dessous.

    a. Julia termine ses devoirs en une heure. Elle dépense $\frac{7}{12}$ du temps à faire ses devoirs de mathématiques et $\frac{1}{6}$ du temps à pratiquer son orthographe. Le reste du temps, elle passe à lire. Combien Minutes passe Julia à lire ?

    b. Fred a 36 billes. Elise a $\frac{8}{9}$ autant de billes que Fred. Annika a $\frac{3}{4}$ autant de billes qu'Elise. Combien de billes a Annika ?

Leçon 27 : Solidifiez l'écriture et l'interprétation des expressions numériques.

2. Écrivez et résolvez un problème de mots qui pourrait être résolu en utilisant les expressions du tableau ci-dessous.

Expression	Problème de mot	Solution
$\frac{2}{3} \times 18$		
$(26 + 34) \times \frac{5}{6}$		
$7 - \left(\frac{5}{12} + \frac{1}{2}\right)$		

Nom _____   Date _____

1. Répondez aux questions suivantes sur la fluidité.

   a. Que signifie pour vous la maîtrise des mathématiques ?

   b. Pourquoi la maîtrise de certaines compétences en mathématiques est-elle importante ?

   c. Avec quelles compétences en mathématiques pensez-vous que vous devriez parler couramment ?

   d. Avec quelles compétences en mathématiques vous sentez-vous le plus couramment ? Le moins couramment ?

   e. Comment pouvez-vous continuer à améliorer votre maîtrise ?

2. Utilisez le tableau ci-dessous pour lister les compétences des activités d'aujourd'hui avec lesquelles vous parlez couramment.

Compétences courantes

3. Utilisez le tableau ci-dessous pour lister les compétences que nous avons pratiquées aujourd'hui avec lesquelles vous êtes moins à l'aise.

Compétences pour pratiquer davantage

Écrire des fractions sous forme de nombres mixtes

Matériaux : (S) Tableau blanc personnel

T : (Écrire $\frac{13}{2}$ = ___ ÷ ___ = ___ .) Écrivez la fraction sous forme de problème de division et de nombre mixte.

S : (écrire $\frac{13}{2} = 13 \div 2 = 6\frac{1}{2}$.)

Plus d'entraînement !

$\frac{11}{2}$, $\frac{17}{2}$, $\frac{44}{2}$, $\frac{31}{10}$, $\frac{23}{10}$, $\frac{47}{10}$, $\frac{89}{10}$, $\frac{8}{3}$, $\frac{13}{3}$, $\frac{26}{3}$, $\frac{9}{4}$, $\frac{13}{4}$, $\frac{15}{4}$, et $\frac{35}{4}$.

Fraction d'un ensemble

Matériaux : (S) Tableau blanc personnel

T : (Écrire $\frac{1}{2} \times 10$.) Dessinez un diagramme à bande pour modéliser le nombre entier.

S : (Dessinez un diagramme à bande et indiquez-le 10.)

T : Tracez une ligne pour diviser le diagramme de bande en deux.

S : (Tracez une ligne.)

T : Quelle est la valeur de chaque partie de votre diagramme à bande ?

S : 5.

T : Alors, qu'est-ce que $\frac{1}{2}$ de 10 ?

S : 5.

Plus d'entraînement !

$8 \times \frac{1}{2}$, $8 \times \frac{1}{4}$, $6 \times \frac{1}{3}$, $30 \times \frac{1}{6}$, $42 \times \frac{1}{7}$, $42 \times \frac{1}{6}$, $48 \times \frac{1}{8}$, $54 \times \frac{1}{9}$, et $54 \times \frac{1}{6}$.

Convertir en centièmes

Matériaux : (S) Tableau blanc personnel

T : (Écrire $\frac{3}{4} = \frac{}{100}$.) 4 fois quel facteur est égal à 100 ?

S : 25.

T : Écrivez la fraction équivalente.

S : (écrire $\frac{3}{4} = \frac{75}{100}$.)

Plus d'entraînement !

$\frac{3}{4} = \frac{}{100}$, $\frac{1}{50} = \frac{}{100}$, $\frac{3}{50} = \frac{}{100}$, $\frac{1}{20} = \frac{}{100}$, $\frac{3}{20} = \frac{}{100}$, $\frac{1}{25} = \frac{}{100}$, et $\frac{2}{25} = \frac{}{100}$.

Multiplier une fraction et un nombre entier

Matériaux : (S) Tableau blanc personnel

T : (Écrire $\frac{8}{4}$.) Écrivez la phrase de division correspondante.

S : (Écrivez $8 \div 4 = 2$.)

T : (Écrire $\frac{1}{4} \times 8$.) Écrivez la phrase de multiplication complète.

S : (écrire $\frac{1}{4} \times 8 = 2$.)

Plus d'entraînement !

$\frac{18}{6}$, $\frac{15}{3}$, $\frac{18}{3}$, $\frac{27}{9}$, $\frac{54}{6}$, $\frac{51}{3}$, et $\frac{63}{7}$.

---

activités de fluidité

Leçon 28 : Renforcez votre maîtrise des compétences de 5e année.

Multiplier mentalement	**Une unité de plus**
Matériaux : (S) Tableau blanc personnel	Matériaux : (S) Tableau blanc personnel
T : (Ecrire 9 × dix.) Sur ton blanc personnel tableau, écrivez la multiplication complète phrase.	T : (Écrivez 5 dixièmes.) Sur votre tableau blanc personnel, écrivez la décimale qui est un dixième de plus de 5 dixièmes.
S : (Écrire 9 × dix = 90.)	S : (Écrivez 0.6.)
T : (Ecrire 9 × 9 = 90 - ____ inférieur à 9 × dix = 90.) Écrivez la phrase numérique en remplissant le vide.	Plus d'entraînement !
S : (Écrire 9 × 9 = 90 - 9.)	5 centièmes, 5 millièmes, 8 centièmes et 2 millièmes. Spécifiez l'unité d'augmentation.
T : 9 × 9 est … ?	T : (Écrivez 0.052.) Écris encore un millième.
S : 81.	S : (Écrivez 0.053.)
Plus d'entraînement !	Plus d'entraînement !
9 × 99, 15 × 9 et 29 × 99.	1 dixième de plus de 35 centièmes, 1 millième de plus de 35 centièmes, et 1 centième de plus que 438 millièmes.
Trouvez le produit	**Ajouter et soustraire des décimales**
Matériaux : (S) Tableau blanc personnel	Matériaux : (S) Tableau blanc personnel
T : (Ecrire 4 × 3.) Complétez la phrase de multiplication en donnant le deuxième facteur sous forme d'unité.	T : (Écrivez 7 + 258 millièmes + 1 centième = ____.) Écrivez la phrase d'addition sous forme décimale.
S : (Écrire 4 × 3 un = 12 unités.)	S : (Écrire 7 + 0.258 + 0.01 = 7.268.)
T : (Ecrire 4 × 0.2.) Complétez la phrase de multiplication en donnant le deuxième facteur sous forme d'unité.	Plus d'entraînement !
S : (Écrire 4 × 2 dixièmes = 8 dixièmes.)	7 un + 258 millièmes + 3 centièmes, 6 un + 453 millièmes + 4 centièmes, 2 un + 37 millièmes + 5 dixièmes, et 6 un + 35 centièmes + 7 millièmes.
T : (Ecrire 4 × 3.2.) Terminez la multiplication phrase donnant le deuxième facteur sous forme unitaire.	
S : (Ecrire 4 × 3 un 2 dixièmes = 12 unités 8 dixièmes.)	T : (Écrivez 4 + 8 centièmes - 2 unités = ____ un ____ centièmes.) Écrivez la phrase de soustraction sous forme décimale.
T : Écrivez la multiplication complète phrase.	S : (Écrire 4.08 - 2 = 2.08.)
S : (Ecrire 4 × 3.2 = 12.8.)	Plus d'entraînement !
Plus d'entraînement !	9 dixièmes + 7 millièmes - 4 millièmes, 4 un + 582 millièmes - 3 centièmes, 9 un + 708 millièmes - 4 dixièmes, et 4 un + 73 millièmes - 4 centièmes.
4 × 3.21, 9 × 2, 9 × 0.1, 9 × 0.03, 9 × 2.13, 4.012 × 4 et 5 × 3.2375.	

activités de fluidité

Leçon 28 : Renforcez votre maîtrise des compétences de 5e année.

UNE HISTOIRE D'UNITÉS   Leçon 28 Modèle   5•6

Décomposer les nombres décimaux

Matériaux : (S) Tableau blanc personnel

T : (Projet 7.463.) Dites le nombre.
S : 7 et 463 millièmes.
T : Représenter ceci nombre dans un numéro en deux parties lien avec ceux comme une partie et millièmes comme l'autre partie.
S : (Nul.)
T : Représentez-le à nouveau avec des dixièmes et millièmes.
S : (Nul.)
T : Représentez-le à nouveau avec centièmes et millièmes.

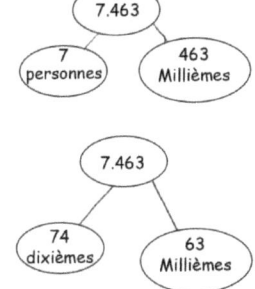

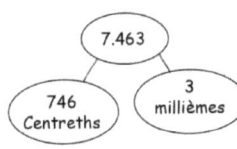

Plus d'entraînement !

8.972 et 6.849.

Trouvez le volume

Matériaux : (S) Tableau blanc personnel

T : Sur votre tableau blanc personnel, écrivez la formule pour trouver le volume d'un prisme rectangulaire.
S : (écrire $V = l \times w \times h$.)
T : (Dessinez et étiquetez un prisme rectangulaire d'une longueur de 5 cm, d'une largeur de 6 cm et d'une hauteur de 2 cm.) Écrivez une phrase de multiplication pour trouver le volume de ce prisme rectangulaire.
S : (Sous $V = l \times w \times h$, écris $V = 5$ cm $\times 6$ cm $\times 2$ cm. En dessous, écrivez $V = 60$ cm^3.)

Plus d'entraînement !

$l = 7$ ft, $w = 9$ ft, $h = 3$ ft ;
$l = 6$ in, $w = 6$ in, $h = 5$ in ; et
$l = 4$ cm, $w = 8$ cm, $h = 2$ cm.

Créer une unité similaire

Matériaux : (S) Tableau blanc personnel

T : Je dirai deux fractions unitaires. Vous créez l'unité similaire et l'écrivez sur votre tableau blanc personnel. Montrez votre tableau au signal.
T : $\frac{1}{3}$ et $\frac{1}{2}$. (Pause. Signal.)
S : (Écrivez et montrez les sixièmes.)

Plus d'entraînement !

$\frac{1}{4}$ et $\frac{1}{3}$, $\frac{1}{2}$ et $\frac{1}{4}$, $\frac{1}{6}$ et $\frac{1}{2}$, $\frac{1}{3}$ et $\frac{1}{12}$, $\frac{1}{6}$ et $\frac{1}{8}$, et $\frac{1}{3}$ et $\frac{1}{9}$.

Conversions d'unités

Matériaux : (S) Tableau blanc personnel

T : (Ecrire 12 in = ____ ft) Sur votre tableau blanc personnel, écrivez 12 pouces équivaut à combien de pieds ?
S : (Écrivez 1 pied.)

Plus d'entraînement !

24 in, 36 in, 54 in et 76 in

T : (Ecrire 1 ft = ____ in.) Écrire 1 pied équivaut à combien de pouces ?
S : (Écrivez 12 pouces.)

Plus d'entraînement !

2 ft, 2.5 ft, 3 ft, 3.5 ft, 4 ft, 4.5 ft, 9 ft et 9.5 ft.

activités de fluidité

Leçon 28 :   Renforcez votre maîtrise des compétences de 5e année.

| UNE HISTOIRE D'UNITÉS | Leçon 28 Modèle | 5•6 |

Comparer les fractions décimales

Matériaux : (S) Tableau blanc personnel

T : (Écrivez 13.78 ___ 13.86.) Sur votre tableau blanc personnel, comparez les nombres en utilisant le signe supérieur, inférieur ou égal.

S : (Écrire 13.78 < 13.86.)

Plus d'entraînement !

0.78 ___ $\frac{78}{100}$, 439.3 ___ 4.39, 5.08 ___ cinquante-huit dixièmes, trente-cinq et 9 millièmes ___ 4 dizaines.

Arrondissez au plus proche

Matériaux : (S) Tableau blanc personnel

T : (Écrivez 3 unités 2 dixièmes.) Écrivez 3 unités et 2 dixièmes sous forme décimale.

S : (Écrivez 3.2.)

T : (Écrivez 3.2 ≈ ___.) Arrondissez 3 et 2 dixièmes au nombre entier le plus proche.

S : (Écrire 3.2 ≈ 3.)

Plus d'entraînement !

3.7, 13.7, 5.4, 25.4, 1.5, 21.5, 6.48, 3.62 et 36.52.

Multiplier les fractions

Matériaux : (S) Tableau blanc personnel

T : (Écrire $\frac{1}{2} \times \frac{1}{3} =$ ___.) Écrivez la phrase de multiplication complète.

S : (Écrire $\frac{1}{2} \times \frac{1}{3} = \frac{1}{6}$.)

T : (Écrire $\frac{1}{2} \times \frac{3}{4} =$ ___.) Écrivez la phrase de multiplication complète.

S : (Écrire $\frac{1}{2} \times \frac{3}{4} = \frac{3}{8}$.)

T : (Écrire $\frac{2}{5} \times \frac{2}{3} =$ ___.) Écrivez la phrase de multiplication complète.

S : (Écrire $\frac{2}{5} \times \frac{2}{3} = \frac{4}{15}$.)

Plus d'entraînement !

$\frac{1}{2} \times \frac{1}{5}$, $\frac{1}{2} \times \frac{3}{5}$, $\frac{3}{4} \times \frac{3}{5}$, $\frac{4}{5} \times \frac{2}{3}$, et $\frac{3}{4} \times \frac{5}{6}$.

Diviser les nombres par des fractions d'unités

Matériaux : (S) Tableau blanc personnel

T : (Écrire $1 \div \frac{1}{2}$.) Combien de moitiés y a-t-il dans 1 ?

S : 2.

T : (Écrire $1 \div \frac{1}{2} = 2$. En dessous, écris $2 \div \frac{1}{2}$.) Combien de moitiés y a-t-il dans 2 ?

S : 4.

T : (Écrire $2 \div \frac{1}{2} = 4$. En dessous, écris $3 \div \frac{1}{2}$.) Combien de moitiés y a-t-il dans 3 ?

S : 6.

T : (Écrire $3 \div \frac{1}{2} = 6$. En dessous, écris $7 \div \frac{1}{2}$.) Écrivez la phrase de division complète.

S : (Écrire $7 \div \frac{1}{2} = 14$.)

Plus d'entraînement !

$1 \div \frac{1}{3}$, $2 \div \frac{1}{5}$, $9 \div \frac{1}{4}$, et $3 \div \frac{1}{8}$.

---

activités de fluidité

Leçon 28 :   Renforcez votre maîtrise des compétences de 5e année.

Un quadrilatère avec deux paires de côtés égaux qui sont également adjacents.	Un angle qui se transforme $\frac{1}{360}$ d'un cercle.	Un quadrilatère avec au moins une paire de lignes parallèles.	Une figure fermée composée de segments de ligne.
Mesure de l'espace ou de la capacité.	Un quadrilatère avec des côtés opposés parallèles.	Un angle de 90 degrés.	L'union de deux rayons différents partageant un sommet commun.
Le nombre d'unités carrées qui couvrent une forme bidimensionnelle.	Deux lignes dans un plan qui ne se croisent pas.	Le nombre de couches adjacentes de la base qui forment un prisme rectangulaire.	Une figure en trois dimensions avec six côtés carrés.
Un quadrilatère avec quatre angles de 90 degrés.	Un polygone à 4 côtés et 4 angles.	Un parallélogramme avec tous les côtés égaux.	Cubes de même taille utilisés pour mesurer.
Deux lignes qui se croisent forment des angles de 90 degrés.	Une figure en trois dimensions avec six côtés rectangulaires.	Une figure en trois dimensions.	Toute surface plane d'une figure 3D.
Une ligne qui coupe un segment de ligne en deux parties égales à 90 degrés.	Carrés de même taille, utilisés pour mesurer.	Un prisme rectangulaire avec seulement des angles de 90 degrés.	Une face d'un solide 3-D, souvent considérée comme la surface sur laquelle repose le solide.

définitions de géométrie

Leçon 29 : Solidifiez le vocabulaire de la géométrie.

Base	Volume d'un solide	Unités cubiques	Cerf-volant
la taille	Angle d'un degré	Face	Trapèze
Droite Rectangulaire Prisme	Perpendiculaire Bissecteur	Cube	Aire
Perpendiculaire Lignes	Losange	Lignes parallèles	Angle
Polygone	Prisme rectangulaire	Parallélogramme	Rectangle
Angle droit	Quadrilatère	Figure solide	Unités carrées

termes de géométrie

Leçon 29 : Solidifiez le vocabulaire de la géométrie.

UNE HISTOIRE D'UNITÉS — Leçon 30 Modèle 1 — 5•6

À tribu vous bourdonnez :

Nombre de joueurs : 2

Description : Les joueurs placent les cartes de termes géométriques face cachée dans une pile et, au fur et à mesure qu'ils sélectionnent des cartes, nomment les attributs de chaque figurine en moins d'une minute.

- Le joueur A retourne la première carte et dit autant d'attributs que possible en 30 secondes.
- Le joueur B dit « Buzz » quand ou si le joueur A déclare qu'un attribut incorrect ou que le temps est écoulé.
- Le joueur B explique pourquoi l'attribut est incorrect (le cas échéant) et peut alors commencer à lister les attributs de la figure pendant 30 secondes.
- Les joueurs marquent un point pour chaque attribut correct.
- Le jeu continue jusqu'à ce que les élèves aient épuisé les attributs de la figurine. Une nouvelle carte est sélectionnée et la lecture continue. Le joueur avec le plus de points à la fin de la partie gagne.

Concentration :

Nombre de joueurs : 2–6

Description : Les joueurs persévèrent pour faire correspondre les cartes de termes avec leurs cartes de définition et de description.

- Créez deux tableaux identiques côte à côte : un de cartes de termes et un de cartes de définition et de description.
- Les joueurs retournent à tour de rôle des paires de cartes pour trouver une correspondance. Une correspondance est un terme de vocabulaire et sa définition ou carte de description. Les cartes conservent leur emplacement précis dans la matrice si elles ne correspondent pas. Les cartes restantes ne sont pas reconfigurées dans une nouvelle matrice.
- Une fois que toutes les cartes sont appariées, le joueur avec le plus de paires est le gagnant.

Trois questions pour deviner mon terme !

Nombre de joueurs : 2 à 4

Description : Un joueur sélectionne et consulte secrètement une carte de terme. D'autres joueurs se relaient pour poser des questions par oui ou par non sur le terme.

- Les joueurs peuvent garder une trace de ce qu'ils savent sur le terme sur papier.
- Seules les questions par oui ou par non sont autorisées. (« Quels types d'angles avez-vous ? » N'est pas autorisé.)
- Une dernière estimation doit être faite après 3 questions mais peut être faite plus tôt. Une fois qu'un joueur dit : « C'est ma supposition », plus aucune question ne peut être posée par ce joueur.
- Si le terme est deviné correctement après 1 ou 2 questions, 2 points sont gagnés. Si les 3 questions sont utilisées, un seul point est gagné.
- Si aucun joueur ne devine correctement, le détenteur de la carte reçoit le point.
- Le jeu continue pendant que le joueur à gauche du détenteur de la carte sélectionne une nouvelle carte et l'interrogation recommence.
- Le jeu se termine lorsqu'un joueur atteint un score prédéterminé.

Bingo :

Nombre de joueurs : au moins 4 - classe entière

Description : les joueurs associent les définitions aux termes pour être les premiers à remplir une ligne, une colonne ou une diagonale.

- Les joueurs écrivent un terme de géométrie dans chaque case de la carte de bingo mathématique. Chaque terme ne doit être utilisé qu'une seule fois. La boîte qui dit *Math Bingo !* est un espace libre.
- Les joueurs placent le modèle de bingo mathématique rempli dans leurs tableaux blancs personnels.
- Une personne est l'appelant et lit la définition à partir d'une carte de définition de géométrie.
- Les joueurs rayent ou couvrent le terme qui correspond à la définition.
- « Bingo ! » est appelé lorsque 5 termes de vocabulaire consécutifs sont barrés en diagonale, verticalement ou horizontalement. L'espace libre compte pour 1 case pour les 5 termes de vocabulaire nécessaires.
- Le premier joueur à avoir 5 à la suite lit chaque mot barré, énonce la définition et donne une description ou un exemple de chaque mot. Si tous les mots sont raisonnablement expliqués comme déterminé par l'appelant, le joueur est déclaré vainqueur.

---

directions du jeu

Leçon 30 : Solidifiez le vocabulaire de la géométrie.

Copyright © Great Minds PBC

UNE HISTOIRE D'UNITÉS — Leçon 30 Modèle 2 — 5•6

		Math BINGO		

		Math BINGO		

carte de bingo

Leçon 30 : Solidifiez le vocabulaire de la géométrie.

Étape 1   Dessiner $\overline{AB}$ 3 pouces de long centré près du bas d'une feuille de papier vierge.
Étape 2   Dessiner $\overline{AC}$ 3 pouces de long, de sorte que ∠ BAC mesure 108°.
Étape 3   Dessiner $\overline{CD}$ 3 pouces de long, de sorte que ∠ ACD mesure 108°.
Étape 4   Dessiner $\overline{DE}$ 3 pouces de long, de sorte que ∠ CDE mesure 108°.
Étape 5 $\overline{EB}$ Dessine.
Étape 6   Mesure $\overline{EB}$.

Lire   Dessiner   Écrire

Leçon 31 :   Explorez la séquence de Fibonacci.

Nom _____ Date _____

Leçon 31 : Explorez la séquence de Fibonacci.

Écrivez la séquence de Fibonacci. Analysez quels nombres sont pairs. Y a-t-il un modèle aux nombres pairs ? Pourquoi ? Pensez à la spirale de carrés que vous avez créée hier.

Lire   Dessiner   Écrire

Nom _____   Date _____

1. Ashley décide d'économiser de l'argent, mais elle veut le construire sur un an. Elle commence avec $1 et ajoute 1 dollar de plus chaque semaine. Complétez le tableau pour montrer combien elle aura économisé après un an.

Semaine	Ajouter	Total	Semaine	Ajouter	Total
1	$1.00	$1.00	27		
2	$2.00	$3.00	28		
3	$3.00	$6.00	29		
4	$4.00	$10.00	30		
5			31		
6			32		
7			33		
8			34		
9			35		
10			36		
11			37		
12			38		
13			39		
14			40		
15			41		
16			42		
17			43		
18			44		
19			45		
20			46		
21			47		
22			48		
23			49		
24			50		
25			51		
26			52		

Leçon 32 :   Explorez les modèles pour économiser de l'argent.

2. Carly veut aussi économiser de l'argent, mais elle doit commencer par la plus petite dénomination des trimestres. Remplissez le deuxième tableau pour montrer combien elle aura économisé d'ici la fin de l'année si elle en ajoute un quart de plus chaque semaine. Essayez-le vous-même, si vous le pouvez et le voulez !

Semaine	Ajouter	Total	Semaine	Ajouter	Total
1	$2.25	$0.25	27		
2	$0.50	$0.75	28		
3	$0.75	$1.50	29		
4	$1.00	$2.50	30		
5			31		
6			32		
7			33		
8			34		
9			35		
10			36		
11			37		
12			38		
13			39		
14			40		
15			41		
16			42		
17			43		
18			44		
19			45		
20			46		
21			47		
22			48		
23			49		
24			50		
25			51		
26			52		

3. David décide qu'il veut économiser encore plus d'argent qu'Ashley. Il le fait en ajoutant le prochain numéro de Fibonacci au lieu d'ajouter $1 chaque semaine. Utilisez votre calculatrice pour remplir le tableau et découvrez combien d'argent il aura économisé d'ici la fin de l'année. Est-ce réaliste pour la plupart des gens ? Expliquez votre réponse.

Semaine	Ajouter	Total	Semaine	Ajouter	Total
1	$1	$1	27		
2	$1	$2	28		
3	$2	$4	29		
4	$3	$7	30		
5	$5	$12	31		
6	$8	$20	32		
7			33		
8			34		
9			35		
10			36		
11			37		
12			38		
13			39		
14			40		
15			41		
16			42		
17			43		
18			44		
19			45		
20			46		
21			47		
22			48		
23			49		
24			50		
25			51		
26			52		

Leçon 32 : Explorez les modèles pour économiser de l'argent.

Nom _____ Date _____

Notez les dimensions de vos boîtes et de votre couvercle ci-dessous. Expliquez votre raisonnement concernant les dimensions que vous avez choisies pour la boîte 2 et le couvercle.

Boîte 1 (Peut contenir la boîte 2 à l'intérieur.)

Les dimensions de la boîte 1 sont _____ × _____ × _____.

Son volume est de _____.

Boîte 2 (Convient à l'intérieur de la boîte 1.)

Les dimensions de la boîte 2 sont _____ × _____ × _____.

Raisonnement :

COUVERCLE (S'adapte parfaitement sur la boîte 1 pour protéger le contenu.)

Les dimensions du couvercle sont _____ × _____ × _____.

Raisonnement :

Leçon 33 : Concevez et construisez des boîtes pour loger les matériaux pour l'été.

1. Quelles mesures avez-vous prises pour déterminer les dimensions du couvercle ?

2. Trouvez le volume de la boîte 2. Ensuite, trouvez la différence entre les volumes des boîtes 1 et 2.

3. Imagine Boîte 3 est créé de telle sorte que chaque dimension soit inférieure de 1 cm à celle de la Boîte 2. Quel serait le volume de Boîte 3 ?

UNE HISTOIRE D'UNITÉS — Leçon 34 Problème d'application 5•6

Steven est un _____ qui avait 280 $. Il a dépensé $\frac{1}{4}$ de son argent sur un _____ et $\frac{5}{6}$ du reste un _____. Combien d'argent a-t-il dépensé au total ?

_____
_____
_____
_____

Lire   Dessiner   Écrire

Leçon 34 : Concevez et construisez des boîtes pour loger les matériaux pour l'été.

Nom _____   Date _____

J'ai examiné le travail de _____.

Utilisez le tableau ci-dessous pour évaluer les deux boîtes et le couvercle de votre ami. Mesurez et enregistrez les dimensions et calculez les volumes de la boîte. Ensuite, évaluez la pertinence et suggérez des améliorations dans les colonnes adjacentes.

Dimensions et volume	La boîte ou le couvercle convient-il ? Explique.	Suggestions d'amélioration
Boîte 1 dimensions : Volume total :		
Boîte 2 dimensions : Volume total :		
COUVERCLE dimensions :		

Leçon 34 : Concevez et construisez des boîtes pour loger les matériaux pour l'été.

Crédits

Great Minds® a fait tout son possible pour obtenir l'autorisation de réimprimer tout le matériel protégé par des droits d'auteur. Si un propriétaire de matériel protégé par des droits d'auteur n'est pas mentionné dans le présent document, veuillez contacter Great Minds pour qu'il soit dûment mentionné dans toutes les éditions et réimpressions futures de ce module.

Printed by Libri Plureos GmbH in Hamburg, Germany